新一代信息技术系列教材

基于新信息技术的

C 语言程序设计基础教程

主 编 马 庆 左向荣 左国才

副主编 黄金水 魏红伟 曾 琴 黄利红

　　　　周海珍 苏秀芝 杨静宇 杨爱武

主 审 符开耀 王 雷

西安电子科技大学出版社

内 容 简 介

  本书从高职高专学生的实际特点出发，以"实用、够用"为原则，采用通俗易懂的语言，通过具体的实例，深入浅出地介绍了 C 语言程序设计的基本概念和设计方法。全书共 11 章，介绍了 C 语言的数据类型、常量和变量、运算符和表达式，数据的输入/输出，顺序结构程序设计，选择结构程序设计，循环结构程序设计，数组的定义和使用方法，指针的定义和使用方法，C 语言中函数的定义、调用、参数传递以及变量的作用域和存储类型，C 语言的编译预处理指令，C 语言的结构体与共用体，C 语言文件的概念及操作等内容。本书中的全部例题、习题和上机实训内容均在 Visual C++6.0 环境下调试通过，便于读者直接上机验证。

  本书既可作为高职高专院校学生"C 语言程序设计"课程的教材，也可作为全国计算机等级考试二级 C 语言的培训或自学教材。

图书在版编目(CIP)数据

基于新信息技术的 C 语言程序设计基础教程/马庆，左向荣，左国才主编. —西安：西安电子科技大学出版社，2018.9(2019.7 重印)
ISBN 978-7-5606-5104-0

Ⅰ. ① 基… Ⅱ. ① 马… ② 左… ③ 左… Ⅲ. ① C 语言—程序设计 Ⅳ. ① TP312.8

中国版本图书馆 CIP 数据核字(2018)第 221337 号

策划编辑 杨丕勇
责任编辑 买永莲
出版发行 西安电子科技大学出版社(西安市太白南路 2 号)
电 话 (029)88242885 88201467 邮 编 710071
网 址 www.xduph.com   电子邮箱 xdupfxb001@163.com
经 销 新华书店
印刷单位 陕西天意印务有限责任公司
版 次 2018 年 9 月第 1 版 2019 年 7 月第 2 次印刷
开 本 787 毫米×1092 毫米 1/16 印 张 12.25
字 数 286 千字
印 数 1001～3000 册
定 价 30.00 元

ISBN 978-7-5606-5104-0 / TP

XDUP 5406001-2

如有印装问题可调换

前　言

C 语言是国内外广泛使用的一种计算机程序设计语言，其功能强大，使用方便、灵活，可移植性好，既具有高级语言的优点，又具有低级语言的许多特点，因此成为编制系统软件和应用软件的首选语言。

"C 语言程序设计"是我国很多高校都开设的一门重要的基础课程，在高职院校计算机专业的课程体系中尤为重要，它是学习其他程序设计语言及专业课程的基础。在本书的编写过程中，我们针对高职高专学生的特点和培养目标，从高职高专学生的实际出发，以"实用、够用"为原则，并结合编者多年从事 C 语言教学的实际经验，对全书的内容作了精心的安排，用通俗易懂的语言和与实际密切相关的例题深入浅出地介绍 C 语言程序设计的基本概念和设计方法。

本书是参考了国家教育考试委员会考试中心编写的《全国计算机等级考试考试大纲》中二级考试大纲的"C 语言程序设计考试要求"，以及部分省市计算机应用知识和应用能力水平考试大纲对 C 语言部分的要求编写而成的。本书在体系结构上尽可能地将概念、知识点与具体实例结合起来，同时借助于"说明"和"注意"等提示内容，帮助学生准确理解相关教学内容。另外，每章后面都有一定数量的与所讲内容以及计算机二级等级考试相匹配的习题和上机实训，其中，习题可帮助学生加深对教学内容的理解和掌握，上机实训则可帮助学生提高 C 语言编程的实际动手能力。

在编写本书的过程中，我们得到了许多从事计算机教学工作的同事的帮助和大力支持，他们对本书提出了很多宝贵的意见，在此向他们表示衷心的感谢。

虽然我们在编写过程中做了大量工作，但是由于水平有限，书中难免存在不足和疏漏的地方，敬请广大读者不吝赐教。

编　者
2018 年 6 月

目　　录

第 1 章　C 语言概论

C 语言是一种计算机程序设计语言，既有高级语言的特点，又具有汇编语言的特点。它可以作为系统设计语言，用于编写工作系统应用程序，也可以作为应用程序设计语言，用于编写不依赖计算机硬件的应用程序。因此，它的应用范围十分广泛。

1.1　C 语言程序介绍

1.1.1　C 语言的发展

早期的操作系统等系统软件主要是用汇编语言编写的(包括 UNIX 操作系统在内)，但是汇编语言存在明显的缺点，即用其编写的程序的可读性和可移植性都比较差。为了提高程序的可读性和可移植性，可改用高级语言，但是一般的高级语言难以实现汇编语言的某些功能(汇编语言可以直接对硬件进行操作，例如对内存地址的操作、位操作等)。为此人们希望能找到一种既具有一般高级语言的特性，又具有低级语言底层操作能力的语言，即集它们的优点于一体的语言，于是 C 语言在 20 世纪 70 年代初应运而生了。1978 年由美国电话电报公司(AT&T)的贝尔实验室正式发表了 C 语言，同时由 B. W. Kernighan 和 D. M. Ritchit 合著出版了影响深远的《THE C PROGRAMMING LANGUAGE》一书，该书通常被简称为《K&R》，也有人称之为《K&R》标准。在《K&R》中并没有定义一个完整的标准 C 语言，因此，许多开发机构推出了自己的 C 语言版本，而这些版本之间的微小差别不时产生兼容性上的问题。针对这些问题，美国国家标准学会(American National Standard Institute，ANSI)在各种 C 语言版本的基础上制定了一个 C 语言标准，于 1983 年发表，通常称之为 ANSI C。

早期的 C 语言主要用于 UNIX 系统，其由于强大的功能和各方面的优点而逐渐为人们所认识。20 世纪 80 年代，C 语言开始进入其它操作系统，并很快在各类大、中、小和微型计算机上得到广泛的使用，成为当代最优秀的程序设计语言之一。

1.1.2　C 语言的特点

C 语言是一种通用、灵活、结构化、标准化、使用广泛的编程语言，能完成用户的各种任务，特别适合进行系统程序设计和对硬件进行操作的场合。C 语言本身不对程序员施加过多限制，是一种专业程序员优先选择的语言。

C 语言有如下主要特点：

(1) 简洁紧凑，压缩了一切不必要的成分。ANSI C 只有 32 个关键字，书写形式自由。

(2) 运算符丰富，并将括号、赋值、强制类型转换、取变量地址等都以运算形式实现。ANSI C 提供了 34 种运算符，灵活使用这些运算符可以实现其它高级语言难以实现的操作。C 语言的表达式简练、多样、灵活、实用，加上分号可以构成语句。

(3) 数据类型丰富，具有现代语言的各种数据类型，用户还能扩充它，实现各种复杂的数据结构，完成各种问题的数据描述。尤其是 C 语言的指针类型，非常有特色，可指向各种数据，完成数据的高效处理。C 语言不但能对数据作类型上的描述，还提供了存储属性方面的考虑。

(4) 它是一种结构化的程序设计语言，层次清晰，便于按模块化方式组织程序，易于调试和维护。C 程序由若干程序文件组成，一个程序文件由若干函数构成。

(5) 可以直接访问物理地址，进行位(bit)一级的操作，能实现汇编语言的大部分功能。由于 C 语言实现了对硬件的编程操作，因此 C 语言集高级语言和低级语言的功能于一体，表现能力和处理能力极强，有时也被称作中级语言。

(6) 提供了预处理机制，有利于大型程序的编写和调试。

(7) 生成的目标代码质量很高，故程序执行效率很高，一般只比汇编程序生成的目标代码效率低 10%～20%。

(8) 用 C 语言编写的程序可移植性好(与汇编语言相比)，基本上不做修改就可以用于各种型号的计算机和各种操作系统。

(9) 语法限制不太严格，程序员的设计自由度较大。例如，对数组下标越界不做检查，由程序员自己保证程序的正确性。一般的高级语言语法检查都比较严格，能检查出几乎所有的语法错误，而 C 语言允许程序员有较大的自由度，因此放宽了语法检查。限制与灵活是一对矛盾，限制严格，就会失去灵活性；而强调灵活，就必然放松限制。一个不熟练的编程员，编写一个正确的 C 语言程序可能会比编写一个其它高级语言程序难一些。也就是说，对于使用 C 语言的人，要求其对程序设计要更熟练一些。

1.2 C 语言程序的组成

下面通过几个简单的程序实例来说明 C 语言程序的组成。

【例 1.1】 在屏幕上输出一串字符"Hello World!"。

程序代码：

```
#include <stdio.h>
void main()
{
    printf ("Hello World! ");
}
```

运行结果：

```
Hello World!
```

分析：

(1) main()为主函数。C 语言程序由函数构成，但有且只有一个主函数。

(2) C 语言程序中必须至少有一对{ }，代表程序的开始、结束，其中的内容称为函数体。

(3) printf( )为标准输出函数，用于将程序运行结果显示到输出设备(显示器)上。

(4) #include <stdio.h>为预处理命令，当程序中有输出函数或输入函数时必须有此行。

【例 1.2】 已知 a = 10, b = 30，求两数之和 sum。

程序代码：

```
#include <stdio.h>
void main()                          /*主函数，程序从此开始运行*/
{                                    /*函数体开始*/
    int a, b, sum;                   /*定义语句*/
    a = 10;                          /*赋值语句*/
    b = 30;                          /*赋值语句*/
    sum = a+b;                       /*赋值语句*/
    printf("sum = %d\n", sum);       /*输出语句*/
}                                    /*函数体结束*/
```

运行结果：

```
sum = 30
```

分析：

(1) "int a, b, sum;"语句说明 a、b 和 sum 为三个整型变量，可以通过赋值操作改变变量的值。

(2) "a = 10;"语句表示将整数 10 送到 a 的存储单元中。"sum = a + b;"语句表示先取 a 和 b 两个存储单元中的数据并在运算器中相加，然后将结果保存在 sum 变量单元中。

(3) "printf("sum = %d\n", sum);"语句表示该函数的参数包括两部分，sum 是要输出的数据，"%d"是数据输出的格式控制符字符串，控制符"%d"的作用是按整数格式输出 sum 的值。"sum="是输出数据的提示说明，原样输出。

(4) "/*…*/"表示注释，目的是增加程序的可读性。注释可以插入到程序中任何位置，对程序的执行没有任何影响，编译时将被过滤掉。

【例 1.3】 求最大数。

程序代码：

```
#include "stdio.h"
int max(int x,int y)
{
    int z;
    if(x > y) z = x; else z = y;
    return(z);
```

```
    }
    void main()
    {
        int a, b, c;
        printf("输入两个整数  a b:");
        scanf("%d %d", &a, &b);                    /*标准输入函数*/
        c = max(a,b);                              /*调用 max()函数*/
        printf("%d %d  中的最大值为：%d\n", a, b, c);    /*输出结果  */
    }
```

运行结果：

    输入两个整数： a b: 10 17

    10 17 中的最大值为：17

分析：

(1) 本程序由两个函数组成，即主函数 main()和自定义函数 max()。

(2) 程序从 main()函数开始执行；printf()函数表示输出显示一个字符串，具有提示信息的作用；scanf()函数表示从键盘输入数据，分别给变量 a 和变量 b 赋值，使得变量 a 和 b 从键盘上获取值；执行 "c = max(a, b);" 语句时程序转移到 max()函数，遇到 "return" 语句则返回主函数继续执行。

通过以上实例可以看出 C 语言程序的基本组成：

(1) C 语言程序是由函数构成的，函数是 C 程序的基本单位。

(2) 一个函数由函数头和函数体两部分组成，函数头即函数的第一行，函数体即函数头下面用大括弧 { }括起来的部分。

(3) 函数体由语句构成，语句以分号(;)结束。

(4) 一个 C 程序可以由一个或多个函数组成，但必须有一个且只能有一个 main()函数，即主函数。一个 C 程序总是从 main( )函数开始执行的，而不论 main( )函数在整个程序中的位置如何。

(5) 通常，每行只写一条语句，短语句可以一行写多条，长语句则可以一条分成多行来写。

(6) 在程序中应尽量使用注释信息，以增强程序的可读性。注释信息是用注释符标识的，注释符以 "/*" 开头，以 "*/" 结束，其间的字符为注释信息。

1.3 C 语言程序的实现

1.3.1 C 语言程序的运行过程

由高级语言编写的程序称为源程序，它不能被计算机直接识别和执行，必须由语言处理程序将其翻译成由 0 和 1 构成的二进制指令代码。按照 C 语言规则编写的程序，要想得到最终结果，则必须经历以下几个步骤。其实现过程如图 1-1 所示。

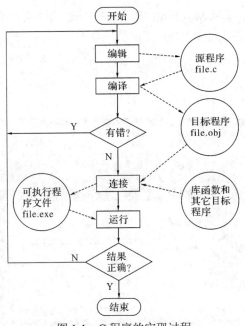

图 1-1　C 程序的实现过程

1．编辑

编辑是指使用文本编辑软件输入和修改 C 语言源程序，最后以文本文件的形式存放在磁盘上，文件名由用户自己选定，扩展名一般为".c"。编辑器可以是任何一种文本编辑软件，比如 TURBO C 和 VC++ 专用编辑系统，也可以是写字板、记事本等字处理软件。

2．编译

编译是将 C 语言源程序翻译成二进制目标程序。编译是由编译程序来完成的。编译程序对源程序自动进行句法和语法检查，当发现错误时，就将错误的类型和程序中出错的位置显示出来，以帮助用户修改源程序；如果未发现句法和语法错误，就自动形成目标程序，其扩展名为".obj"。

3．连接

编译后的目标文件尽管是二进制代码文件，但计算机还不能直接执行该程序，必须使用 C 语言处理系统提供的连接程序，生成扩展名为".exe"的可执行文件。程序中各函数间的调用结合是由连接程序完成的，系统提供的输出函数和用户定义的函数都要进行连接。如果连接过程中出现错误信息，则必须回到第一步修改源程序，重新开始编译和连接，直到生成可执行文件。

4．运行

运行程序，并检查运行结果。如果是算法错误，则只能回到第一步修改源程序，再重新编译、连接和运行，直到得到正确的结果。

1.3.2　开发环境介绍

C 语言的标准已被大多数 C 和 C++ 的开发环境所兼容，因此用户可以使用多种工具开发自己的 C 语言程序。下面以 Microsoft Visual C++ 6.0 为平台，介绍 C 程序的实现过程。

　　VC++ 集成开发环境不仅支持 C++ 程序的编译和运行，也支持 C 语言程序的编译和运行。通常 C++ 集成环境约定：当源文件的扩展名为 ".c" 时，则为 C 程序；而当源文件的扩展名为 ".cpp" 时，则为 C++ 程序。

　　(1) 启动 VC++，进入图 1-2 所示的界面。

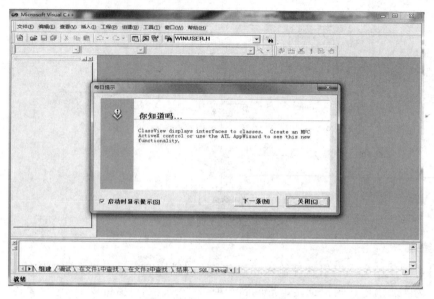

图 1-2　VC++ 6.0 启动界面

　　(2) 点击 "文件" → "新建" 菜单项，如图 1-3 所示，可新建一个工程。

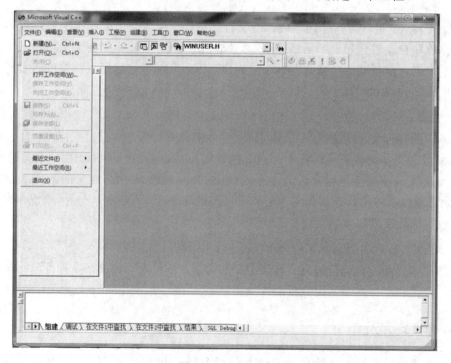

图 1-3　新建工程

(3) 在出现的如图 1-4 所示的界面中，选择"Win32 Console Application"(控制台应用程序，左边倒数第三个)，命名工程名称，选择保存位置，然后点击"确定"按钮，进入下一步。

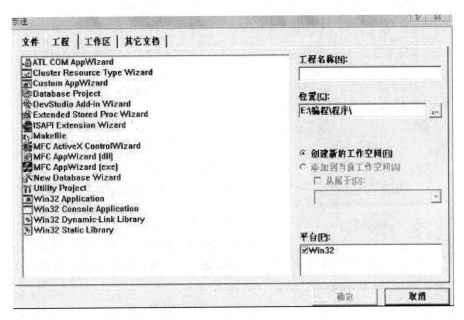

图 1-4　新建工程

(4) 在出现的如图 1-5 所示的界面中，选择"一个空工程"项，建立一个空工程。其他项可根据需要选择建立别的工程。然后点击"完成"按钮，即显示所创建的工程的信息。

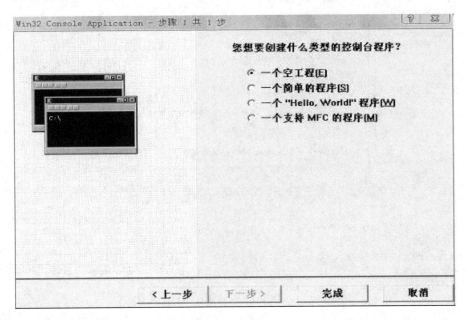

图 1-5　生成空工程

(5) 现在在有一个工程的条件下，再建立一个源文件。点击"文件"→"新建"菜单项(或按快捷键 Ctrl + N),出现如图 1-6 所示的界面。

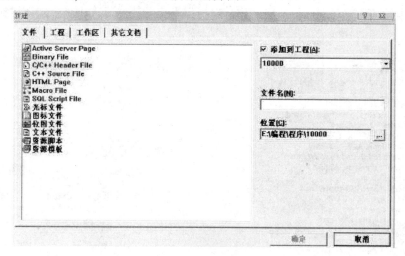

图 1-6　新建源文件

在图 1-6 所示的界面中建立源文件,即选择"C++ Source Flie"项(一般都是建立这种文件)。如果要建立头文件,可选择"C/C++ Header File"项,这种文件适用在多文件工程中。然后为文件命名,最后点击"确定"按钮。

(6) 进入编辑区,如图 1-7 所示在主界面中可编写代码。

图 1-7　编辑程序

(7) 编译程序。选择编译工具栏中的编译按钮 进行编译,编译信息显示在输出窗口中。如有错误,则必须修改源程序再重新编译,否则无法进行下一步。

(8) 连接程序。选择编译工具栏中的"构建"按钮 进行连接。如有错误,则必须修改源程序再重新编译和连接。

(9) 运行程序。选择编译工具栏中的"执行"按钮 ▮ 即可运行程序。

本 章 小 结

本章主要介绍了以下内容：

1. C 语言的历史以及 C 语言的特点。

2. C 语言源程序的书写规范，如语句的结束符号、语句的书写习惯、注释的合理使用等。这些规范有的是强制执行的，即如果不这样做就会导致编译错误；另外有一些是经验总结，可使程序易于理解和调试。因此一开始就应养成自觉遵守书写规范的好习惯。

3. C 语言的组成以及在 VC++ 6.0 中的实现过程。

此外，本章还介绍了 C 语言的结构特征、主函数的作用及位置无关性(最先执行)、函数的分类及库函数、头文件及预处理、标识符的构成规则等基础知识。在等级考试中，这些内容经常出现在选择题中，尤其是标识符的构成规则、主函数的特性等。

实　　训

1. 输入并运行例题中的程序，熟悉调试 C 程序的方法与步骤。

2. 编写一个 C 程序，熟悉其构成。

3. 参照例题，编写一个 C 程序，输出以下信息：

****

Hello，World！

****

4. 编写一个 C 程序，输入 a、b、c 三个数，输出其中最大者。试想，如果求四个数中的最大者，则程序该如何编写。

第 2 章　基本的数据类型与运算

本章将介绍用 C 语言编程必须掌握的一些基础知识，如最基本的数据类型、常量和变量、算术运算符及算术表达式、赋值运算符和赋值表达式及自增自减运算等。

2.1　一个简单的 C 程序设计实例

【例 2.1】　求矩形的面积。

程序代码：

```
#include <stdio.h>
void main()
{
    int a, b;
    float area;
    a = 2;
    b = 4;
    area = a*b;
    printf("%f\n", area);
}
```

运行结果：

```
8.000000
```

程序分析：

(1) 该程序中用到的数据有 a、b、area、2、4，对数据进行的运算有*(乘法运算)和=(赋值运算)。

(2) 计算机在运行程序时，要完成以下工作：

① 在内存中给矩形的两条边 a、b 和面积 area 开辟存储空间，存放它们的值。这里，a、b、area 被称为变量。

② 数据 2、4 与 a、b、area 不同，它们是在编写程序之初就给出了确定的值，在运算过程中不会改变，因此这样的数据叫做常量。

以上的叙述都涉及 C 语言中数据的处理操作。

在 C 语言中，数据是程序的必要组成部分，是程序处理的对象。现实中的数据是有类型差异的，如姓名由一串字符组成，年龄是数字符号组成的整数，而身高包含整数和小数两部分。C 语言中将不同类型的数据以不同的格式存储，占用内存单元的字节数也不同。

编写高级语言程序虽然不需要了解数据在内存中的具体存储方法，但一定要分清楚类型，因为处理不同类型的数据所使用的语句命令是有区别的。

C 语言提供如图 2-1 所示的数据类型。是数据的基本表现形式常量和变量，它们都属于其中的某种数据类型，本章主要介绍基本数据类型，其它数据类型将在以后的章节中逐步介绍。

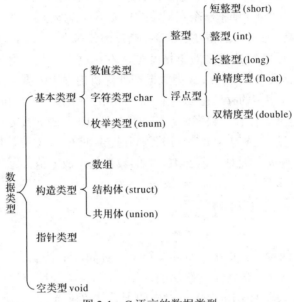

图 2-1 C 语言的数据类型

2.2 基本数据类型

基本数据类型是 C 语言内部预先定义的数据类型，也是实际中最常用的数据类型，如整型、单精度实型和双精度实型、字符型等。C 语言系统为基本数据类型提供了非常方便的使用环境。

2.2.1 整数类型

C 语言提供了多种整数类型数据，以适应不同场合的需求，其中经常用到的是整型和长整型这两种数据类型。这两种整型数据的区别在于采用不同位数的二进制编码表示，所以要占用不同的存储空间，表示不同的数值范围。整型数据在计算机内存中占据 2 字节的存储空间，表示的数值范围为 $-2^{15} \sim 2^{15}-1(-32\,768 \sim 32\,767)$。C 语言约定其数据类型标识符为 int。

长整型数据在计算机内存中占据 4 字节的存储空间，表示的数值范围为 $-2^{31} \sim 2^{31}-1$ $(-2\,147\,483\,648 \sim 2\,147\,483\,647)$。C 语言约定其数据类型标识符为 long。

这里需要说明一下，不同的编译系统或计算机系统对整型数据所占用的字节数有不同的规定。上述 int 型数据占 2 个字节的储存空间，指的是在一般的计算机系统中；而在 VC 6.0 中，int 型和 long 型都占 4 字节的储存空间。

2.2.2　实数类型

实型数据又称实数或浮点数，指带有小数部分的非整数数值，如 356.12 和 3.4×10^6 这类数据。实型数据在计算机内部也是以二进制的形式存储和表示的，虽然在程序中一个实数可以用小数形式表示，也可以用指数形式表示，但在内存中实数一律都是以指数形式来存放的。而且不论数值大小，即把一个实型数据分为小数和指数两个部分，其中小数部分的位数愈多，数的有效位愈多，数的精度就愈高；指数部分的位数愈多，数的表示范围就愈大。

C 语言中提供了两种实数类型即单精度型和双精度型，类型标识符分别为 float 和 double。在一般的计算机系统中，float 型数据在计算机内存中占据 4 个字节的存储空间，double 型数据占据 8 个字节的存储空间。在 VC 6.0 中，单精度实数(float 类型)的数值范围为 $-10^{38} \sim 10^{38}$，并提供 7 位有效数字位；绝对值小于 10^{-38} 的数被处理成零值。双精度实数(double 类型)的数值范围约为 $-10^{308} \sim 10^{308}$，并提供 15～16 位有效数字位，具体精确到多少位与所使用机器有关；绝对值小于 10^{-308} 的数被处理成零值。因此，double 型的数据要比 float 型数据精确得多。

2.2.3　字符类型

字符型数据包括两种，即单个字符和字符串。例如，'a' 是字符，而 "abc" 是字符串。在计算机中字符是以 ASCII 码的形式存储的，一个字符占 1 个字节的存储空间。如字符 'A' 的 ASCII 码用二进制表示是 01000001，对应的十进制数值为 65；而字符'B'的 ASCII 码用二进制数表示是 01000010，对应的十进制数值为 66。字符类型的标识符为 char。

2.3　常量和变量

常量和变量是程序中的两种运算量。顾名思义，常量是一个有具体值并且该值在程序执行过程中不会被改变的量，变量则是在程序执行过程中数值可以改变的量。

2.3.1　常量

在程序执行过程中，其值不能被改变的量称为常量。许多数学计算公式中都有数值常数，它们都属于常量。C 语言提供的常量有整型常量、实型常量、字符常量、字符串常量和符号常量。

1. 整型常量

整型常量即整数，有三种表示形式：

(1) 十进制整数：如正整数 12、负整数 –46 和 0。

(2) 八进制整数：以数字"0"开头，后面是 0～7 八个数字组成的数字串。如 010、024 等分别表示十进制数 8 和 20。负数的表示在前面加负号即可，如–010。

(3) 十六进制整数：以数字"0"和字母"x"开头，后面是由数字 0～9 和字母 A～F(字母不区分大小写)组成的。如 0x12、0x1AB0 等分别表示十进制数 18 和 6832。负数的表示在前面加负号即可。C 语言不支持二进制形式。

2. 实型常量

实型常量即实数，有两种表示方法：

(1) 小数形式：由数字和小数点组成，如 0.25、–123.0、.5、–12.50。注意，当小数部分为零时小数点不能省略。

(2) 指数形式：如 1.75e4 表示 1.75×10^4，–2.25e–3 表示 $–2.25 \times 10^{-3}$。其中，字母 e 可以用大写，其前面必须有数字，而后面必须是整数。

小数形式直观易读，指数形式更适合表示绝对值较大或更小的数值，如 1.75e12 和 1.75e–6。无论程序中使用哪种表示形式，在计算机内部，实型数据都是以浮点形式存储的。

3. 字符常量

字符常量是用一对单撇字符(西文中的单引号)括起来的一个字符，如 'a'、' ? '、'5'。需要说明的是，在 C 语言中 1 个字符只占 1 个字节的内存，而一般情况下 1 个汉字占用两个字节的存储空间，因此 1 个汉字不能按 1 个字符处理，应该按字符串处理，如 '汉' 是非法的字符常数。另外，在 C 语言中还有 1 些比较特殊的字符，不可视或无法通过键盘输入，如换行符、回车符等，可由一个反斜杠"\"后跟规定字符构成转义字符。常用的转义字符及其含义见表 2-1。程序编译过程中转义字符是作为一个字符处理的，存储时占用 1 个字节。

表 2-1　常用转义字符及其含义

字符形式	含　　义
\n	换行，将当前位置移到下一行开头
\t	水平制表(跳到下一个 Tab 位置)
\0	空字符
\\	反斜杠字符\
\'	单引号字符(撇号)
\"	双引号字符

由于字符常量在计算机中是以 ASCII 码形式存储的，因此它可以参与各种运算。例如：

'B'–'A' 表示字符 B 的 ASCII 码值 66 减去字符 A 的 ASCII 码值 65。

'A' + 1 表示字符 A 的 ASCII 码值 65 加上 1 等于字符 B 的 ASCII 值。

'b'–32 表示字符 b 的 ASCII 码值 98 减去 32 等于 66，是字符 B 的 ASCII 码值，用于大小写字母的转换。

'9'–'0' 表示字符 9 的 ASCII 码值 57 减去字符 0 的 ASCII 码值 48 等于数值 9，要分清整数 9 和字符 9 的区别。

'c' < 'd' 表示比较两个字符的 ASCII 码值。

4. 字符串常量

字符串常量简称字符串，是用一对双撇号字符(西文双引号)括起来的一串字符，字符的个数称为字符串的长度。如 "This is a Computer"、"a"、"C 程序" 都是字符串常量。在字符串结尾，计算机自动加上字符 '\0'，表示该字符串的结束。因此，字符串常量的存储单元要比实际字符串的个数多一个。如 "a" 占两个字节；"This is a Computer" 字符数为 18，但占 19 个字节；字符个数为 0 的空串 " "，实际上也存了一个字符'\0'。由于字符 '\0' 的 ASCII 码值为 0，因此可作为检查字符串是否结束的标志。注意，尽管 'a' 与 "a" 都含有一个字符，但在 C 程序中单撇号与双撇号不能混用，它们具有不同的含义。

5. 符号常量

在 C 语言程序中，可对常量进行命名，即用符号代替常量，该符号即叫符号常量。符号常量一般用大写字母表示，以便与其它标识相区别。符号常量要先定义后使用，定义的方法有两种。

(1) 使用编译预处理命令 define 定义，如：

```
#define NUM 0
#define PI 3.14159
```

(2) 使用常量说明符定义，如：

```
const float PI = 3.14159
```

说明：一个 #define 命令只能定义一个符号常量，且在一行书写，不用分号结尾。符号常量一旦定义，就可在程序中代替常量使用，增强了程序的可读性和程序的可维护性。

2.3.2　变量

变量是指在程序运行过程中其值可以改变的量。程序中用到的所有变量都必须有一个名字作为标识，在内存中占据一定的存储单元，该存储单元中则存放变量的值。变量具有保持值的性质，但是当给变量赋新值时，新值会取代旧值，这就是变量的值发生变化的原因。

1. 变量的定义

C 语言中的基本变量类型有整型变量、实型变量和字符型变量。在程序中使用变量必须先定义，定义一个变量就是确定其名字(标识符)与类型，变量的类型决定了存储数据的格式与占用内存字节的大小。变量的名字由用户定义，它必须符合标识符的命名规则且变量名要区分大小写。变量定义后，可通过变量名字来读/写变量地址中的数据。

简单变量定义的方法是在类型标识符后跟一个变量或变量表，变量之间用逗号隔开，然后以分号结尾。如：

```
int a, b, c;              /*定义了 3 个整型变量，中间用逗号隔开*/
float x;                  /*定义了单精度实型变量 x*/
double c;                 /*定义了双精度实型变量 c*/
char ch;                  /*定义了字符型变量 ch*/
```

2. 变量的初始化

上述的变量定义只是指定了变量名字和数据类型，并没有给它们赋初值。给变量赋初值的过程称为变量的初始化。例如：

```
int a = 625, b = -325;    /*定义 a 和 b 两个整型变量，初始值分别为 625 和 −325 */
float x = 3.15;           /*定义实型变量 x，初始值为 3.15 */
int x, y = 0;             /*只给一个变量 y 设置初始值*/
```

```
    int u = v = 8;                    /*给 u、v 设置同一个初始值 8 */
    char ch = 'a';                    /*定义了字符型变量 ch，其值为字符 a */
```

　　值得注意的是，没有赋初值的变量并不意味着该变量中没有数值，而只是表明该变量中没有确定的值，因此引用这样的变量就可能产生莫名其妙的结果，有可能会导致运算错误。

3. 字符型数据与整型数据的关系

　　字符型变量用来存放单个字符(包括转义字符)，字符变量的类型说明符为 char。字符型变量在内存中占一个字节，存放的是该字符的 ASCII 码整型值。例如，存放字符 'a' 的内存地址中，实际存放的是其对应的 ASCII 码值 97，如果以二进制表示，就是 01100001。可以看出，字符数据在内存中的存储形式与整数的存储形式相同。因此，在 C 语言中字符型数据和整型数据是通用的，一个字符型数据可以按整型数据的方法来处理。按整型数据处理时，直接将 ASCII 码整数值进行算术运算。

　　有关字符的 ASCII 码值，不必一一记注，但应该了解一些规律性的东西。标准 ASCII 码有 128 个字符，其中码值 0～31 为控制字符(或不可显示字符)，它们有特殊的用途，如回车换行、文件结束标志、字符串结束标志等；32 为空格符编码，被认为是可显示字符中码值最小的字符；10 个阿拉伯数字 0～9 的码值是连续的；26 个英文字母分为大小写，26 个大写字母 A～Z 是连续的，26 个小写字母 a～z 是连续的。上述这些字符的 ASCII 码值大小顺序如下：

　　　　空格＜数字＜大写字母＜小写字母

　　由于大写字母与小写字母之间有 6 个其它字符，所以字母的大小写转换要通过 ±32 来实现。C 语言中没有专门的字符串变量，在数组和指针章节中将介绍字符串的处理方法。

2.4　运算符和表达式

　　C 语言中的运算符极其丰富，也正是因为这些丰富多样的运算符，C 语言才表现出简洁、灵活的一面。运算符与运算对象(变量、常量、函数、表达式)组合起来，构成 C 语言的表达式。C 语言的运算符很多，所以由运算符构成的表达式种类也很多。本节仅介绍其中常用的算术运算和赋值运算，其它运算在以后的章节中陆续介绍。

　　C 语言中的各种运算符都有不同的优先级和结合性规则。所谓优先级就是数学上大家熟知的"先算乘除，后算加减"，但对多个同一优先级别的加减或乘除运算符来说，是从左向右计算，还是从右向左计算，这就是运算符的结合性问题。例如乘除运算符为左结合性，计算表达式 3/4*4 时，先算除法，后算乘法。C 语言中有些运算符具有右结合性，如赋值运算符"="，计算表达式 a = b = 5 时，是先完成最右边的赋值操作。

2.4.1　算术运算符与算术表达式

1. 算术运算符

　　C 语言中的算术运算符主要包括加(+)、减(–)、乘(*)、除(/)和求模(%)五种，其中加、减、乘、除、四种就是数学中的四则运算，求模运算就是求余数，如 10%4 的值等于

2。加、减运算符优先级别相同，并具有左结合性。乘、除和求模三种运算符的优先级别相同，也具有左结合性。乘、除和求模运算符的优先级别高于加减运算符，即先算乘、除和求模，后算加、减。因为这些运算符需要两个运算对象，故又称为双目运算符。

在程序中进行除法运算时，两个整型数相除的结果为整型，如表达式 5/2 的运算结果为 2，结果只取整数部分。要得到结果 2.5，需要将操作数改为实型常数，如 5.0/2.0。如果参与运算的两个数中有一个为实数，则运算结果为实数。

对于求模运算符%，两个操作数必须是整型，实型数不能进行求模运算。求模运算在判断一个整数能否被另一个数整除时很方便。例如：当 x%y 结果为 0 时，说明 x 能被 y 整除，否则不能整除。

C 语言的算术表达式中不允许使用方括号和花括号，只能使用圆括号。圆括号是 C 语言中优先级别最高的运算符，圆括号必须成对使用，当使用了多层圆括号时，应先完成最里层的运算处理，最后处理最外层括号。

2. 算术表达式

用算术运算符和一对圆括号将操作数(常数、变量、函数等)连接起来，符合 C 语言语法的表达式称为算术表达式。算术表达式使用时要注意书写形式。例如：

数学表达式	错误的程序表达式	正确的程序表达式
$b^2 - 4ac$	b*b–4ac	b*b–4*a*c
$\dfrac{b^2 - 4ac}{2a}$	(b*b–4*a*c)/2*a	(b*b–4*a*c)/(2*a)

可见，算术表达式采用的是线性书写形式，运算对象和运算符都要写在一条横线上。有些运算还要涉及诸如求绝对值和平方根这样的问题，对这类数学运算，C 语言已将它们定义成标准库函数，例如求 a 的绝对值使用的是 fabs(a)，求 b 的平方根使用的是 sqrt(b)等，这些函数存放在数学库"math.h"中，在使用时用户只需直接调用即可。

2.4.2　赋值运算符与赋值表达式

在 C 语言中，赋值号"="是一个运算符，称为赋值运算符。由赋值运算符组成的表达式称为赋值表达式，其形式如下：

变量名 = 表达式

赋值号左边必须是一个变量名，赋值号右边允许是常数、变量和表达式。赋值运算符的功能是先求出右边表达式的值，然后将此值赋给左边变量。下面结合实例说明赋值运算符的特点。

(1) 赋值运算符的优先级别很低，在所有的运算符中仅高于逗号运算符，低于其它所有运算符。例如，表达式

y = a*b+2*c

中，由于所有其它运算符的优先级都比赋值运算符高，所以先计算右边表达式的值，再将此值赋给变量 y。因此 y = a*b+2*c 与 y = (a*b+2*c)两个赋值表达式是等价的，不用担心会先把 a 的值赋给变量 y。

(2) 赋值运算符不同于数学中的等号，等号没有方向，而赋值号具有方向性。如 a = b

和 b = a 在数学意义上是等价的，但作为程序表达式将产生不同的操作结果。完成 a = b 操作后，变量 a 单元中的值为原来变量 b 的值，原来 a 的值被覆盖，而变量 b 的值不变。

(3) 在 C 语言中，"="作为一个运算符，由它组成赋值表达式，C 语言规定左边变量得到的值作为赋值表达式的值。例如，表达式 a = 5 的值等于 5。

(4) 赋值运算符具有右结合性，因此 a = b = 5 也是合法的，与 a = (b = 5)等价，最后 a 和 b 的值均等于 5。

2.4.3　数据类型转换

在 C 语言中，不同类型的数据之间是不能直接进行运算的，在运算之前必须将操作的数据转换成同一种类型，然后才能完成运算。由于变量可能具有不同的类型，因此难以避免在一个程序表达式中出现不同类型的操作数。C 语言系统遇到不同类型数据之间运算问题时，能够自动将操作数转换成同种类型。

1. 自动类型转换

在表达式中，当运算符两边的运算对象类型相同时，可以直接进行运算，并且运算结果和运算对象具有同一数据类型。如 4/5 的运算结果为整数零，4.0/5.0 的运算结果为实型数 0.8。但是当两个不同类型的数据进行运算时，C 语言会自动把它们转换成同一数据类型再进行计算。自动转换时，系统都是将类型级别较低的操作数转换成另一个较高级别的类型，然后进行计算，计算结果的数据类型为级别较高的类型。例如在计算 4/5.0 表达式时，先将整数 4 转换成实型 4.0，然后进行除法运算，计算结果为类型级别较高的实型数 0.8。各种类型自动转换级别如图 2-4 所示。

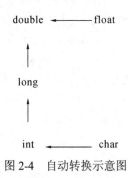

图 2-4　自动转换示意图

2. 强制类型转换

C 语言中允许使用类型说明符关键字对操作数据进行强制类型转换。强制类型转换表达式的形式如下：

(类型名)(表达式)

其中，(类型名)称为强制类型转换运算符，利用强制类型转换运算符可以将一个表达式的值转换成指定的类型，这种转换是根据人为要求进行的。例如：

(int)4.678　　　　　　　把 4.678 转换成整数 4

(double)(10%3)　　　　　把 10%3 所得结果 1 转换成双精度数

若整型变量 a = 3，b = 4，则表达式(float)a/(float)b 的结果为 0.75；如将表达式改成

(float)(a/b)，则运算结果为 0.0。在强制类型转换时需注意的是取整类型转换不是按四舍五入处理的，例如，当 a = 2.8 时，(int)a 的结果为整数部分 2。

2.4.4　几个特殊的运算符

1. 复合赋值运算符

在赋值运算符之前加上其它运算符可以构成复合赋值运算符。复合赋值运算符的优先级与赋值运算符的优先级相同，也具有右结合性。常用的有 +=、-=、*=、/=、%= 等。下面举例说明它们的用法。例如：

a += x-y	相当于	a = a+(x-y)
a -= x-y	相当于	a = a-(x-y)
a *= x-y	相当于	a = a*(x-y)
a /= x*y	相当于	a = a/(x*y)

2. 自增运算符(++)和自减运算符(--)

自增运算符(++)和自减运算符(--)都是单目运算符，运算对象必须是变量，不能为表达式或常量。其原因是该运算符的功能是使变量的值增 1 或减 1，而常量是不能改变值的。++ 和 -- 运算符可以作为变量的前缀，又可以作为变量的后缀，但作用是有区别的。如 ++i、i++、--i、i-- 都是合法的表达式。无论作为变量的前缀还是作为变量的后缀，相对于变量本身来说自增 1 或自减 1 都具有相同的效果，但作为表达式来说却有着不同的值。其使用规则为

++i, --i　　变量在使用之前先自增 1，自减 1

i++, i--　　变量在使用之后再自增 1，自减 1

【例 2.2】 变量自加自减。

程序代码：

```
#include <stdio.h>
void main()
{
    int a=3, b=4, c, d;
    c=a++;
    d=++b;
    printf("a=%d, b=%d, c=%d, d=%d\n", a, b, c, d);
}
```

输出结果：

a=4;

b=5;

c=3;

d=5

由此可见，语句"c=a++;"与下面两条语句等价：

　　　　c=a;

　　　　a=a+1;

即先使用 a 原来的值 3 赋给 c，再将 a 的值增 1 变为 4。而语句 "d = ++b;" 与下面两条语句等价：

　　　　b = b+1;

　　　　d = b;

即先将 b 的值加 1，然后使用新值 5 赋给 d，结果 d 的值等于 5。

　　另外，++ 和 −− 运算符具有右结合性，如表达式 −a++ 相当于 −(a++)，不是(−a)++，而(−a)是表达式，不能作为 ++ 运算符的操作数。

3. 逗号运算符

　　逗号运算符又称为顺序求值运算符，它是将多个表达式用逗号运算符 "," 连接起来，组成逗号表达式。逗号表达式的一般形式为

　　　　表达式 1, 表达式 2, …, 表达式 n

　　逗号运算符的结合性为从左到右，因此逗号表达式将从左到右进行运算，即先计算表达式 1，然后计算表达式 2，依次进行，最后计算表达式 n。最后一个表达式的值就是此逗号表达式的值。

　　例如："i=3, i++, ++i, i+5" 这个逗号表达式的值是 10，i 的值为 5。

　　逗号表达式主要用于 for 循环语句中。逗号运算符在 C 语言所有运算符中优先级别最低。

本 章 小 结

　　本章主要介绍了以下内容：

　　1. 在 C 语言的基本数据类型中，主要介绍的数据类型有整型(int,long)、实型(float,double) 和字符型。在编写 C 程序时应根据数据的实际情况选择相应的数据类型。

　　2. 常量和变量。常量是指在程序执行过程中，其值不能被改变的量。C 语言提供的常量有整型常量、实型常量、字符常量、字符串常量和符号常量。变量是指在程序运行过程中其值可以改变的量。程序中用到的所有变量都必须有一个名字作为标识，在内存中占据一定的存储单元，该存储单元中存放变量的值。使用变量时必须遵守的规则就是先定义后使用。

　　3. 算术运算与数学中的算术运算类似，但要注意算术表达式的书写规则和运算规则。

　　4. "=" 是赋值运算符。由赋值运算符组成的表达式称为赋值表达式。要注意的是赋值号左边必须是一个变量名，赋值号右边允许是常数、变量和表达式。赋值语句具有先计算后赋值的功能。

　　5. 当运算符两边的数据类型不同时，在运算之前系统会自动将其转换成相同的类型，转换的原则是由低级向高级转换。此外还可以使用强制类型转换。

　　6. 自增运算符(++)和自减运算符(−−)的运算对象必须是变量，其功能是使变量的值增 1 或减 1，但 ++ 和 −− 作为变量的前缀或后缀的作用是有区别的。其它运算符还有逗号运算符和复合赋值运算符。

实　　训

1. 运行下面程序，记录输出结果，并对结果进行分析。

```c
#include "stdio.h"
void main()
{
    int m, n;
    float y;
    y = 9.6;
    m = y;
    n = (int)y;
    printf("y = %f, m = %d, n = %d\n", y, m, n);
}
```

2. 编程计算 $y = 3x2 + 2x - 4$ 的值(假设 x = 3)。

```c
#include <stdio.h>
void main()
{
    int x = 3, y;
    y = 3*x*x+2*x-4;
    printf("\n y = %d\n", y);
}
```

3. 执行下面程序，记录输出结果，并对结果进行分析。

```c
#include <stdio.h>
void main()
{
    int a = 12, n = 5;
    a += a;
    printf("%d\n", a);
    a *= 2+3;
    printf("%d\n", a);
    a %= (n%2);
    printf("%d\n", a);
}
```

4. 执行下面程序，记录输出结果，并对结果进行分析。

```c
#include <stdio.h>
void main()
{
    int i, j, m, n;
```

```
        i = 8;
        j = 10;
        m = i++;
        n = j++;
        printf("%d, %d, %d, %d\n", i, j, m, n);
    }
```

第 3 章　顺序结构程序设计

　　程序设计的基本目标是用算法对问题的原始数据进行处理，从而获得所期望的效果。算法就是解决问题的方法和步骤。算法的实现过程是由一系列操作组成的，这些操作之间的执行次序就是程序的控制结构。计算机科学家 Bohm 和 Jacopini 证明了这样的事实：任何简单或复杂的算法都可以由顺序结构、选择结构和循环结构这三种基本结构组合而成。所以，这三种结构就被称为程序设计的三种基本结构，也是结构化程序设计必须采用的结构。从本章开始将陆续对这三种结构的程序设计思想及流程进行介绍。通过本章的学习，读者将掌握数据的输入/输出函数，能编写顺序结构程序，解决简单问题。

3.1　一个顺序结构程序实例

　　【例 3.1】 编写程序，计算梯形面积。

　　解题思路：首先定义程序所需要的变量 a、b、h、area，然后输入梯形的上底、下底和高的数据给变量 a、b、h，再依据公式 area = (a+b)*h/2 计算矩形面积，最后输出梯形面积 area。

　　程序代码：

```
#include "stdio.h"
void main()
{
    float a, b, h, area;                        /*变量定义*/
    printf("\n 请输入梯形的上底，下底和高："); /*输出提示信息*/
    scanf("%f, %f, %f", &a, &b, &h);            /*输入数据*/
    area = (a+b)*h/2;                           /*计算梯形面积*/
    printf("梯形的面积为: %7.2f\n\n", area);    /*输出结果*/
}
```

　　分析：执行这个程序，可以看到当输入数据为 2、4、6 时，程序的输出结果为 18。这个程序的结构非常简单。main( )函数中包含 5 条语句，第一条是变量定义语句，声明了 4 个变量均为 float 型；第二条是输出语句，提示用户输入数据；第三条是输入语句，用于接收用户从键盘键入的数据保存到变量 a、b、h 中；第四条是赋值语句，用于计算梯形面积并保存结果到变量 area 中；第五条是输出语句，把梯形面积输出到显示屏上。

　　从程序的结构来看，例 3.1 是典型的顺序结构程序。顺序结构表示程序中的各操作是按照它们出现的先后顺序执行的，其流程如图 3-1 所示。图中的 S1 和 S2 表示两个处理步骤，这些处理步骤可以是一个非转移操作或多个非转移操作系列，甚至可以是空操作，也可以是三种基本结构中的任一结构。整个顺序结构只有一个入口点 a 和一个出口点 b。这种结构的特点是：程序从入口点 a 开始，按顺序执行所有操作，直到出口点 b，所以称为顺序结构。它是程序设计三种基本结构中最简单的一种。

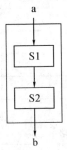

图 3-1　顺序结构流程

不管程序如何简单或复杂，计算机程序对数据处理的过程通常都可分成三个部分，即输入数据、数据运算和输出数据。计算机通过输入操作接收数据，然后对数据进行加工处理，再将处理完的数据在屏幕上或在打印机上输出。本章主要介绍数据的输入/输出操作。

3.2　数据的输入/输出

从计算机输入设备向内存(变量地址)传送数据的过程称为输入，将主机中的数据传送到计算机输出设备的过程称为输出。C 语言本身不提供输入/输出语句，而是使用标准库函数实现数据输入/输出操作。使用标准库函数时，必须用编译预处理命令#include 将相应的头文件包括到用户的程序中，输入/输出函数的头文件名为 stdio.h。

本节主要介绍 scanf 和 printf 函数的用法，以及专门用于单个字符的输入/输出函数。

3.2.1　输出函数 printf

printf 函数是 C 语言系统提供的标准输出函数，功能是在终端(显示器终端)按指定格式输出各种类型的数据。printf 函数的调用形式如下：

　　printf(格式控制，输出项表)

如果在函数后面加上分号 "；"，就构成了输出语句。例如：

　　printf("a=%d, b=%f\n", a, b);

在这条输出语句中，printf 是函数名，用双引号括起来的字符串部分 "a=%d, b=%f\n" 是输出格式控制，决定了输出数据的内容和格式。a、b 为输出项。

1. 格式控制

格式控制字符串可以包含三类字符：

(1) 格式字符，由%开头后跟格式字符。其中格式符由 C 语言约定，作用是将输出的数据转换为指定的格式输出。C 语言约定的常用格式字符及功能说明如表 3-1 所示。然而，在某些系统中，可能不允许使用大写字母的格式字符，因此为了使程序具有通用性，在编写程序时应尽量不用大写字母的格式字符。

表 3-1　常用格式字符及功能说明

格式符	printf()	scanf()
d	输出十进制整数	输入十进制整数
f	输出单、双精度实数	输入单、双精度实数
c	输出一个字符	输入一个字符
s	输出字符串	输入字符串
ld	输出长整型数据	输入长整型数据
o	以八进制形式输出整数	以八进制形式输入整数
x	以十六进制形式输出整数	以十六进制形式输入整数
e	以指数形式输出实数	以指数形式输入实数

(2) 普通字符，在格式控制字符串中除了格式字符和转义字符外，需要原样输出的文字或字符(包括空格)。

(3) 转义字符，为了使输出结果清晰，便于阅读，需要在格式控制字符串中加上诸如回车换行 '\n' 等这样的转义字符来控制输出结果的显示格式。

2. 输出项表

输出项表可以是要输出的任意合法的常量、变量或表达式，各输出项之间必须用逗号隔开。此外，printf 函数可以没有输出项，函数的调用形式将为 printf(格式控制)，输出结果就是格式控制中的固定字符串。如 "printf("OK!");" 将输出字符串 "OK!"。

【例 3.2】　通过以下程序段，分析 printf()。

程序代码：

```
int a=10, b=9;
printf("%d %d\n", a, b);
printf("a=%d\n", a, b);
printf("a=%d, b=%d\n", a, b);
```

运行结果：

```
10 9
a=10
a=10, b=9
```

分析：printf( )的输出格式为自由格式，可在两个数之间留逗号或空格，但要求格式字符与输出数据之间的个数、类型及顺序须一一对应。输出时除了格式符位置上用对应输出数据代替外，其它字符都原样输出。但当格式说明与输出项的类型不一一对应匹配时，则不能正确输出，编译时也不会报错。若格式说明个数少于输出项个数，则多余的输出项不予输出。

若格式说明个数多于输出项个数，则将输出一些毫无意义的数字乱码。

例如：

```
char ch = 'a';
printf("%c, %d\n", ch, ch);
printf("%%c", ch);
```

输出结果：

```
a, 97
%c
```

在用 printf( )输出字符时，%c 用于输出字符本身，%d 则输出字符的 ASCII 码值。如果要输出 % 符号，可以在格式控制中用 %% 表示，将输出一个 % 符号。

例如：

```
float y = 456.789;
printf("%f, %e\n", y, y);
```

输出结果为

```
456.789001, 4.567890e+002
```

从输出结果可以看到，实数输出时系统默认的小数位数为 6 位。为了满足不同的输出要求，printf( )允许指定输出数据的宽度以及对齐方式。附加的输出格式符说明见表 3-2。

表 3-2　附加的输出格式符

格式符	说　　　明
m	按 m 宽度输出，右对齐，m 为正整数
-m	按 m 宽度输出，左对齐，m 为正整数
m.n	整个实型数宽度占 m 位，其中小数占 n 位；对字符串，输出宽度占 m 位，只截取串中前 n 个字符，右对齐
-m.n	整个实型数宽度占 m 位，其中小数占 n 位；对字符串，输出宽度占 m 位，只截取串中前 n 个字符，左对齐

【例 3.3】　通过下面程序，观察 printf()的输出结果。

程序代码：

```
#include <stdio.h>
main( )
{
    int a=12;
    float b=1.5;
    printf("a=%5d\ta=%-5d\n", a, a);
    printf("b=%f\tb=%9.3f\tb=%-9.3f\n", b, b, b);
    printf("b=%e\tb=%15.2e\tb=%-15.2e\n", b, b, b);
}
```

运行结果：

```
a=12    a=12
b=1.500000   b=1.500   b=1.500
b=1.500000e+000   b= 1.50e+000   b=1.50e+000
```

3.2.2　输入函数 scanf

scanf 是 C 语言提供的标准输入函数,其功能是从输入设备(通常为键盘设备)获取数据,并送到变量的内存地址中。

调用 scanf 函数的一般格式为

scanf(格式控制,输入项表)

例如,若 a 为整型变量,b 为实型变量,下面语句可用来为 a 和 b 输入数据:

scanf("%d%f", &a, &b);

说明:

(1) 格式控制:scanf()函数的格式控制字符串中的格式字符如表 3-1 所示。需说明的是,格式控制字符串中一般不使用普通字符,所输入的多个数据中间用空格(或跳格和回车符)作为输入数据的间隔,也可以用逗号作为数据的间隔。

(2) 输入项表:输入项表中的各项之间用逗号间隔,输入项必须是变量的地址,这就需在变量名字前加取地址运算符&。输入项的个数要与格式说明符的个数相同且输入项与对应的格式说明符的类型必须按顺序对应。

以下几个例子用以说明输入数据的方法和应注意的问题。

例 1　用空格间隔数据。

scanf("%d %f", &a, &b);

输入数据:

120 1.5 <回车>　　　　　　　　　(输入数据之间用空格分隔)

其中,%d 和%f 中间的空格可以省略,效果是一样的。

例 2　用逗号间隔数据。

scanf("%d, %f", &a, &b);

输入数据:

120, 1.5<回车>　　　　　　　　　(输入数据之间用逗号分隔)

例 3　用其它字符间隔数据。

scanf("%d#%d?%d", &a, &b, &c);

输入数据:

12#34?56<回车>

则

a=12, b=34, c=56

例 4　输入数据带有提示信息。

scanf("a=%d, b=%d, c=%d", &a, &b, &c);

上述语句实际上不能起到提示作用,反而带来麻烦。输入数据时必须记住格式控制字符串内容。如果输入数据必须为 a=12, b=34, c=56,要达到提示输入数据的作用,应该在输入语句之前输出字符串信息,如:

printf("为 a, b, c 输入三个整型数据,用逗号间隔。\n");

scanf("%d, %d, %d", &a, &b, &c);

运行结果如下:

　　　为 a, b, c 输入三个整型数据,用逗号间隔。　　　　(提示信息)

　　　12,34,56<回车>　　　　　　　　　　　　　(输入数据)

　　例 5　当指定输入数据宽度(占用列数)时,系统自动截取所需数据。

　　　scanf("%3d%3d", &a, &b);

如果输入数据为

　　　12345678<Enter>

则

　　　a=123, b=456

如果输入数据为

　　　5 8<Enter>

则

　　　a=5, b=8

空格作为数据的间隔,指定宽度不起作用。

　　例 6　格式字符*,表示要跳过指定列数。

　　　scanf("%2d %*3d %2d",&a,&b);

如果输入数据为

　　　12 345 67<Enter>

则

　　　a=12, b=67

关于 scanf()函数,应注意以下几点:

(1) 输入项参数必须是变量的地址,不能使用变量。虽然语句"scanf("%d",a);"在编译时能通过,但不能正确接收数据。

(2) 格式字符类型与输入项按顺序结合,类型要一一对应。如果类型不匹配,编译程序并不作类型检查,而接收的数据会发生错误。

(3) 如果输入项与格式说明符个数不同,scanf 函数将提前结束。

(4) 输入实型数据时,不能限定输入数据的宽度与小数位数,如"scanf("%7.2f",&x);"。

(5) 在输入字符数据序列时,空格、跳格和回车符都是一个数据项结束的标志。

C 语言数据的格式输入方法多种多样,不需死记硬背,只要掌握一两种合适的方法即可,遇到问题时可查参考书。

3.2.3　字符输入/输出函数

在 C 语言程序中,经常需要对字符数据进行输入和输出操作。字符的输入/输出除了可以使用 scanf()和 printf()函数外,还可以使用专门用于字符输入/输出的函数 getchar()和 putchar()函数。

1. putchar()函数

putchar( )函数的一般语法格式为

　　　putchar(c)

putchar()是字符输出函数，用于在屏幕上输出一个字符，其参数 c 是待输出的字符。如果参数为一个整型数据，将输出对应 ASCII 码值的字符。

【例 3.4】　字符输出函数的用法。

程序代码：

```
#include <stdio.h>
main()
{
    char ch = 'A';
    putchar(ch);
    putchar(32);
    putchar(ch+32);
    putchar('\n');
    putchar(ch+1);
    putchar('\n');
}
```

运行结果：

```
A a
B
```

2. getchar()函数

getchar()函数的一般语法格式为

```
getchar()
```

getchar()是字符输入函数，没有参数，它用于接收键盘上输入的一个字符。

【例 3.5】　字符输入函数的用法。

程序代码：

```
#include <stdio.h>
main()
{
    char ch1, ch2;
    int a;
    ch1=getchar();
    ch2=getchar();
    scanf("%d", &a);
    printf("%c%c, %d\n", ch1, ch2, a);
}
```

输入数据：

```
as123<Enter>
```

输出数据：

```
as, 123
```

getchar()只能接收一个字符。当只有一个 getchar()函数时，输入一个字符并按回车键后，字符才能被接收。如果有两个连续的 getchar()函数，两个字符必须连续输入完后再按回车键，或继续输入其它数据。就一个 getchar()函数而言，输入一个字符后必须按回车键，但回车键仍保留在键盘缓冲区中。对于上例，如果按下面方式输入数据：

 a<Enter>

 s<Enter>

当输入第 2 个字符并按回车键后，程序就不再接收下一个整数了。因为 ch1 接收了字符 'a'，ch2 接收的字符为回车符，s 就作为整型变量 a 的值，但数据非法，因此结束了数据输 入。上机实习中可以反复试验。

3.3 应 用 举 例

【例 3.6】 设变量 m = 8，n = 10，编写程序实现两个变量的值互换。

解题思路：变量是存放数据的容器，现在要交换两个容器中的内容，就需要借助第三个容器来实现，因此就需要第三个变量 t。

程序代码：

```
#include "stdio.h"
void main()
{   int m, n, t;
    m=8;
    n=10;
    printf("没交换之前的数据：m=%d, n=%d\n", m, n);
    t=m;
    m=n;
    n=t;
    printf("交换后的数据为：m=%d, n=%d\n\n", m, n);
}
```

运行结果：

 没交换之前的数据：m=8,n=10

 交换后的数据为：m=10,n=8

针对上述程序，思考：

(1) 把程序中的交换过程用语句"m=n; n=m；"代替，程序的运行结果会怎样？

(2) 如果是交换任意两个变量的值，程序该如何修改？

【例 3.7】 从键盘输入一个字符，求出其前后相邻的两个字符，然后按由大到小的顺序输出这三个字符及对应的 ASCII 码。

解题思路：

输入字符的前面一个字符，其 ASCII 码比此字符小 1。同样，后一个字符的 ASCII 码比此字符大 1，对字符型变量进行算术运算时，使用的正是它们的 ASCII 码，所以直接将输入的字符加 1 或减 1，就可以得到它前后的相邻字符。输出时，使用格式控制符%c 可输出字符本身，而使用%d 则可输出字符对应的 ASCII 码。

程序代码：

```
#include <stdio.h>
void main()
{
    char c, cf, cb;
    printf("\n please input a character: ");
    c=getchar();
    cf=c-1;
    cb=c+1;
    printf("%c %c %c\n", cf, c, cb);
    printf("%d %d %d\n", cf, c, cb);
}
```

运行结果：

```
please input a character:m
l    m   n
108   109  110
```

本 章 小 结

本章主要介绍了以下内容：

1. 在 C 语言中，任何简单或复杂的程序都可以由顺序结构、选择结构和循环结构这三种基本结构组合而成。其中顺序结构表示程序中的各操作是按照它们出现的先后顺序执行的，它是程序设计的三种基本结构中最简单的一种。

2. C 语言的输入和输出由专门的函数来完成，主要用到的是输出函数 printf()和输入函数 scanf()。利用它们可以完成各种数据的输入/输出操作，而且还可以控制输入/输出的格式。

3. 使用 printf()函数时，格式字符与输出数据的个数、类型及顺序需一一对应。在输出时，除了格式字符位置是用对应输出数据代替外，其它字符被原样输出。

4. 使用 scanf()函数时，输入项为变量的地址，所以在变量之前需加取地址运算符&。

5. getchar()和 putchar()函数只能用于单个字符的输入和输出。

实　　训

1. 运行下面程序，输入指定的两组数据，记录程序的输出结果。

```
#include "stdio.h"
void main()
{
```

```
    float x, y;
    scanf("%f, %f", &x, &y);
    printf("%8.2f, %8.2f, %.4f, %.4f, %3f, %3f\n", x, y, x, y, x, y);
}
```

(1) 输入数据：

13.45, 25.68

(2) 输入数据：

13.7896, 25.6875

2. 输入三个整数，原样输出。

```
#include "stdio.h"
void main()
{
    int a,b,c;
    printf("please enter a,b,c: ");
    scanf("%d, %d, %d", &a, &b, &c);
    printf("a=%d, b=%d, c=%d\n", a, b, c);
}
```

(1) 程序执行时，为了使 a、b、c 分别取值 6、7、8，应如何操作？

(2) 将程序中的 scanf()函数格式改为

```
scanf("%d%d%d", &a, &b, &c)
```

又应如何操作？

3. 试编程实现：从键盘输入一个大写字母，要求改用小写字母输出。

实训指导：从键盘输入一个大写字母，可以用 getchar()函数来实现。另外，大写字母与小写字母的 ASCII 码值相差 32，在输出时用%c 可输出字符，用%d 则输出该字符对应的 ASCII 码值。请试着在空白处补全代码。

```
#include <stdio.h>
main()
{
    char c1, c2;
    _____
    _____
    _____
    _____
    _____
    _____
    _____
}
```

第 4 章　选择结构程序设计

　　C 语言提供了可以进行逻辑判断的若干选择语句，由这些选择语句可以构成程序中的选择结构。选择结构通常又称为分支结构，它将根据逻辑判断的结果决定程序的不同流程。本章主要介绍关系运算和逻辑运算，实现选择结构的语句，以及选择结构程序的设计方法。

4.1　一个选择结构程序实例

　　【例 4.1】　输入任意两个整数 a 和 b，输出其中值小的数。
程序代码：

```
#include "stdio.h"
void main()
{
    int a, b, min;
    scanf("%d, %d", &a, &b);                    /*输入数据*/
    if(a > b)                                   /*进行比较*/
    min = b;                                    /*把值小的数赋给 min */
    else
    min = a;                                    /*把值小的数赋给 min */
    printf("两个整数中值小的数为：%d\n", min);    /*输出 min */
}
```

　　程序执行时，当从键盘输入两个整数 98 和 89 时，程序的输出结果为
　　　　两个整数中值小的数为：89
　　分析：任意两个整数 a 和 b 要区分出大小，就要进行比较。程序中用变量 min 存放两个数中值小的数，如果 a 大于 b，就把 b 赋值给 min；反之就把 a 赋值给 min，最后输出变量 min。

　　很明显，程序在 a 和 b 进行比较时产生了两个分支，要么选择"min = b;"语句执行，要么选择"min = a;"语句执行，所依据的条件是 a > b 是否成立，这就是选择结构。其执行流程如图 4-1 所示。

　　选择结构表示程序的处理步骤出现了分支，它需要根据某一特定的条件选择其中的一个分支

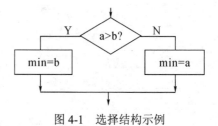

图 4-1　选择结构示例

来执行。选择结构有单选择、双选择和多选择三种形式。双选择是典型的选择结构形式，如图 4-1 所示，它有两个分支，根据条件的成立与否来决定程序的执行方向。值得注意的是，在这两个分支中只能选择一个且必须选择一个执行，但不论选择了哪一个分支，最后流程都一定会到达结构的出口。

4.2　关系运算与逻辑运算

关系表达式和逻辑表达式的运算结果都会得到一个逻辑值。逻辑值只有两个，分别用"真"和"假"来表示。在 C 语言中，没有专门的"逻辑值"，而是用非 0 表示"真"，用 0 表示"假"。因此，对于任意一个表达式，如果值为 0，就代表一个"假"值；如果值是非零，则无论是正数还是负数，都代表一个"真"值。

4.2.1　关系运算符与关系表达式

关系运算是逻辑运算中比较简单的一种。所谓关系运算实际上是"比较运算"，即进行两个数的比较，判断比较的结果是否符合指定的条件。

1. 关系运算符

C 语言中提供了六种关系运算符，分别是 <(小于)、<=(小于等于)、>(大于)、>=(大于等于)、==(等于)和 !=(不等于)。

注意：在书写关系运算符 >=、<=、==、!= 时，中间不允许有空格，否则会产生语法错误。另外，关系运算符是双目运算符，具有自左至右的结合性。以上关系运算符中，前四种关系运算符(<、<=、>=、>)的优先级别相同，后两种(==、!=)的优先级别相同，且前四种的优先级别高于后两种。关系运算符的优先级别低于算术运算符，高于赋值运算符。

2. 关系表达式

由关系运算符构成的表达式，称为关系表达式。关系运算符两边的运算对象可以是 C 语言中任意合法的表达式。关系表达式的一般语法格式为

　　　表达式 1　关系运算符　表达式 2

例如，a>=b，(a=3)>(b=4)，a>c==c 都是合法的关系表达式。

关系运算的值为"逻辑值"，只有两种可能，即整数 0 或者整数 1。

下面举例来说明关系运算符的特点。

例

(1) 若 a = 3，b = 5，则

a<=b 的值为 1，a>b 的值为 0

a<b 的值为 1，a>=b 的值为 0

a!=b 的值为 1，a==b 的值为 0

三组运算符中，每组中两个运算符是对立的，应用时可以灵活选择。

(2) 若 a=100，则表达式 a>"a" 的值为 1；字符参加关系运算时，使用字符的 ASCII 码值。两个字符串进行关系运算(比较大小)时，从两个字符串左边开始，逐个字符比较。如

果前面的字符相同，就比较下一个字符，一旦某个字符不同，按其 ASCII 码值的大小决定两个字符串的大小；如果所有字符都相同，则两个字符串相等。如：

"abcd" < "aby"	(第 3 个字符 "c" < "y")
"abcd" > "abc"	(第 4 个字符 "d" > " ")
"abc d" < "wa"	(第 1 个字符 "a" < "w")
"abcd" == "abcd"	(完全相同)

(3) 由于关系运算符的优先级别低于算术运算符，所以关系表达式 c > a + b 等价于 c > (a + b)。

(4) 由于关系运算符的优先级别高于赋值运算符，所以关系表达式 c = a>b 等价于 c = (a > b)。

(5) 若 a = 6, b=5, c = 4，则数学表达式 a > b > c 是成立的，但在程序中关系表达式 a > b > c 等价于(a > b) > c，其中 a > b 条件成立值为 1，但 1 不大于 c，因此整个关系表达式不成立。a > b 并且 b > c 的逻辑条件必须使用下面的逻辑运算符来完成：

　　　a>b && b>c

4.2.2　逻辑运算符与逻辑表达式

1. 逻辑运算符

逻辑运算符是对逻辑量进行操作的运算符。逻辑量只有两个值，即"真"和"假"，分别用 1 和 0 表示。C 语言中有三种逻辑运算符，即逻辑与(&&)、逻辑或(‖)和逻辑非(!)。逻辑与和逻辑或为双目运算符，具有左结合性；逻辑非为单目运算符，具有右结合性。

三种逻辑运算符的优先级别是，! 运算符的优先级最高，&&运算符次之，‖ 运算符的优先级最低。其中，! 运算符的优先级最特别，仅次于括号和成员运算符，高于所有算术运算符和关系运算符。

&& 和 ‖ 运算符的优先级低于算术运算符和关系运算符，高于赋值运算符。

2. 逻辑表达式

逻辑表达式是由逻辑运算符把操作对象(可以是关系表达式或逻辑表达式)连起来所构成的式子。其一般的语法格式为

　　　表达式 1 && 表达式 2

　　　表达式 1 ‖ 表达式 2

　　　! 表达式

逻辑表达式的运算结果或者为 1，即"真"，或者为 0，即"假"。其运算规则如下：

(1) 逻辑与(&&)：当两边表达式的值均为非 0 时，逻辑表达式的值才为 1，其余情况均为 0。

(2) 逻辑或(‖)：当两边表达式的值均为 0 时，逻辑表达式的值为 0，其余情况均为 1。

(3) 逻辑非(!)：当表达式的值为非 0 时，逻辑表达式的值为 0；反之当表达式的值为 0 时，逻辑表达式的值为 1。

下面通过一些实例来说明逻辑表达式的用法。

例

(1) 数学表达式 a < b < c 在程序中的表达式为

a<b && b<c。

(2) 判断整数 m 是否能被 3、5 或 7 整除的逻辑表达式为

m%3==0 || m%5==0 || m%7==0

(3) 判断整数 m 不能同时被 3、5 和 7 整除的逻辑表达式为

m%3!=0 && m%5!=0 && m%7!=0

或

m%3 && m%5 && m%7

(4) 判断整数 m 不能被 5 整除，但能被 7 整除的逻辑表达式为

m%5!=0 && m%7==0

或

!(m%5==0) && m%7==0

4.3 由 if 语句构成的选择结构

4.3.1 if 语句

if 语句的一般形式为

```
if(表达式)
{
    语句
}
```

其中，if 是 C 语言的关键字，其后的圆括号中是表达式，表达式之后只能是一条语句，称为 if 子句。如果该子句中含有多条语句(两条以上)，则必须用复合语句，即用花括号把一组语句括起来，因为复合语句可以看成"一条语句"。还有就是 if 后面的表达式必须使用圆括号，括号后面不要随意加分号。一个分号通常被看作一条没有任何作用的语句，称为空语句。

执行 if 语句时，首先计算表达式的值，如果表达式为非 0(即为"真")，则执行语句；否则直接执行 if 语句后的下一条语句。其执行流程如图 4-2 所示。

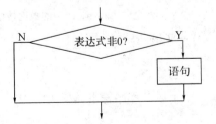

图 4-2 if 语句的执行流程

【例 4.2】 计算函数值 $y = |x| + 1$(不使用绝对值函数)。

解题思路：首先从键盘上输入数据 x，然后对 x 进行判断。当 x 小于 0 时，让 x = −x，之后执行 y = x + 1 操作，最后输出 y。

程序代码：

```
#include <stdio.h>
void main()
{
    float x, y;
    scanf("%f", &x);
    if(x<0)
        x=-x;
        y=x+1;
    printf("y=%f\n", y);
}
```

运行结果：

执行程序时，给变量 x 输入 10，程序输出结果为

y=11.000000

【例 4.3】 输入三个数，按从大到小的顺序输出。

解题思路：两个变量交换数据时，需要通过第三个变量完成。在交换数据之前需进行比较，然后使变量 a 中存放最大数，变量 b 中存放中间数，变量 c 中存放三者中最小的数，最后输出 a、b、c。

程序代码：

```
#include "stdio.h"
void main()
{
    float a, b, c, t;
    scanf("%f, %f, %f", &a, &b, &c);
    if(a<b)
        {t=a; a=b; b=t;}           /*如果 a 比 b 小，则进行交换，把大的数放入 a 中*/
    if(a<c)
        {t=a; a=c; c=t;}           /*如果 a 比 c 小，则进行交换，把大的数放入 a 中*/
                                    /*至此，a、b、c 中最大的数已放入 a 中*/
    if(b<c)
        {t=b; b=c; c=t;}           /*如果 b 比 c 小，则进行交换，把大的数放入 b 中*/
                                    /*至此，a、b、c 中的数已按由大到小的顺序放好*/
    printf("%5.2f,%5.2f,%5.2f\n", a, b, c);
}
```

运行结果：

执行程序时，当输入 3、7、1 后，程序输出结果为

7.00, 3.00, 1.00

在此程序中无论给 a、b、c 输入什么数，最后总是把最大数放在 a 中，把最小数放在 c 中。注意，该程序 if 子句中的花括号 "{}" 不能省略，它构成复合语句。

4.3.2　if-else 语句

if-else 语句的一般语法形式为

```
if(表达式)
{
    语句 1
}
else
{
    语句 2
}
```

if-else 语句的执行过程是：计算表达式的值，若表达式的值非 0(即"真")，则执行语句 1；否则执行语句 2。其执行流程如图 4-3 所示。

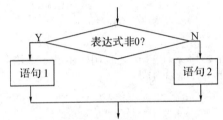

图 4-3　if-else 语句的执行流程

【例 4.4】　输入两个整数 a 和 b，若 a 大于等于 b，则求其积；否则求其商。

解题思路：本题的判断条件只有两种结果，即 a 大于等于 b 和小于 b，因此使用 if-else 语句实现。

程序代码：

```
#include "stdio.h"
void main()
{
    int a, b, c;
    scanf("%d %d", &a, &b);
    if(a>=b)
    {
        c=a*b;
        printf("%d*%d=%d\n", a, b, c);
    }
    else
    {
        c=b/a;
        printf("%d/%d=%d\n", b, a, c);
    }
```

```
        }
```

运行结果：

执行程序，输入 5 60，则输出结果为

　　　60/5=12

使用 if-else 语句时，应注意以下问题：

(1) if-else 语句中的 else 子句可以省略，没有 else 子句时就是简单的 if 语句。

(2) else 子句不是独立的一条语句，它只是 if 语句的一部分，必须与 if 配对使用。

(3) 若 if 子句或 else 子句只有一条语句，则此语句的分号不可以省略；但是包含多个语句时，必须要用"{ }"括起来组成复合语句。

(4) C 程序没有行的概念，因此 if-else 语句可以写在一行，也可以分多行书写。

(5) 在使用 if-else 语句时，除了在语句位置处加分号之外，其余的诸如 if(表达式)后和 else 后是不允许加分号的。

(6) 书写程序时，为了提高程序的可读性，if 与 else 要对齐，而子句均向右缩进。

4.3.3　if-else-if 形式

if 语句和 if-else 语句都是单条件的分支语句，if-else-if 语句为多条件分支语句，适合在多种情况下使用。其一般语法形式为

```
        if(表达式 1)
            语句 1
        else if(表达式 2)
            语句 2
            …
        else if(表达式 n)
            语句 n
        else
            语句 n+1
```

其执行过程是依次计算并判断表达式 i(i 为 1~n)，当表达式 i 的值非 0 时，选择执行其后的语句；当表达式 i 的值为 0 时，执行语句 n+1。

【例 4.5】 计算下面的分段函数值：

$$y = \begin{cases} 0 & \text{当} x < 0 \\ x & \text{当} \leqslant 0 \leqslant 10 \\ x^2 + 1 & \text{当} x > 10 \end{cases}$$

解题思路：x 为任意的整数，有三种取值可能，只有通过多次条件判断才能确定其具体的取值情况，以便求出 y 值，因此采用 if-else-if 语句实现。

程序代码：

```
        #include <stdio.h>
        void main()
```

```
    {
        int x;
        scanf("%d", &x);
        if(x<0)
            printf("y=0\n");
        else if(x>=0&&x<=10)
            printf("y=%d\n", x);
        else
            printf("y=%d\n", x*x+1);
    }
```

分析：if-else-if 语句的特点是，如果逻辑表达式 1 成立，则执行语句 1 后不再继续判断后面其它的逻辑表达式，只有前面逻辑表达式不成立时才继续判断后面的逻辑表达式。本例中，只有 x < 0 不成立时，才判断下一个逻辑表达式。

4.3.4　if 的嵌套

如果 if 或 else 子句仍然是一个 if 语句，则称此种情况为 if 语句的嵌套。内嵌的 if 语句既可以嵌套在 if 中，也可以嵌套在 else 中。本章只对嵌套在 if 中的子句作语法说明，其它的不再赘述。

if 嵌套语句的一般语法形式为

```
    if(表达式 1)
      if(表达式 2)
          语句 1
      else
          语句 2
    else
          语句 3
```

在执行过程中，若表达式 1 的值非 0，则执行内嵌的 if-else 语句；当表达式 1 的值为 0 时，执行语句 3。

【例 4.6】 对学生成绩评等级，80 分以上为优良，60～80 分为及格，小于 60 分为不及格。假定是百分制成绩 0～100，共分三个等级。

程序代码：

```
    #include <stdio.h>
    main()
    {
        int x;
        scanf("%d", &x);
        if(x>=60)                        /*第一个 if 子句*/
            if(x>=80)                    /*第二个 if 子句*/
```

```
        printf("成绩优良\n");
    else                            /*第一个 else 子句，与第二个 if 子句配对*/
        printf("成绩及格\n");
    else                            /*第二个 else 子句，与第一个 if 子句配对*/
        printf("成绩不及格\n");
}
```

分析：编译程序解决 else 子句与 if 子句配对问题的方法是，当出现一个 else 子句时，便向前查找 if 子句，与最近的一个 if 子句组成一条语句；如果再次出现 else 子句，继续向前查找 if 子句，直到发现还没有配成对的 if 子句为止。在上面例子中有两个 else 子句，前面的 else 子句与第二个 if 子句配对，后面的 else 子句与第一个 if 子句配对。

注意，使用左缩进方法表现 if 的嵌套层次关系只是增加了程序的可读性，对于程序的编译并不起任何作用。

编写选择结构程序时，要注意下面几点：

(1) 不要急于编写程序代码，先设计好算法，理顺逻辑关系，并画出程序流程图。

(2) if 子句和 else 子句必须是一条单语句或复合语句。

(3) 编写完程序后，要选择不同数据针对所有分支进行数据检验，以保证各分支都是正确的。

(4) 写子句时使用左缩进方法，便于调试程序中的逻辑错误。

(5) 使用调试命令单步跟踪语句执行的顺序，并观察变量或表达式的值。

4.3.5　条件表达式

前面介绍的是使用 C 语言中的 if 语句来构成程序中的选择结构。C 语言中另外还提供了一种特殊的运算符——条件运算符，由此构成的表达式也可以形成简单的选择结构，这种选择结构能以表达式的形式内嵌在允许出现表达式的地方，使得可以根据不同的条件使用不同的数据参与运算。

条件表达式一般语法形式如下：

　　　　表达式 1？表达式 2：表达式 3

其中，运算符？：是 C 语言中唯一的三目运算符。

条件表达式的运算过程为：如果表达式 1 为非零值(真)，则计算表达式 2 的值，并作为整个条件表达式的值；如果表达式 1 的值为零(假)，则计算表达式 3 的值，并作为整个条件表达式的值。例如，

表达式 a>b?a:b 的值等于 a 和 b 中的最大数。再如：if 语句

```
if(a>b)
    m=a;
else
    m=b;
```

等价于赋值语句

```
m=a>b?a:b;
```

条件表达式的优先级仅高于赋值运算符和逗号运算符，而低于其它所有运算符。例如表达式

    a>b?a:b+1

中，当 a=9，b=10 时，表达式的值等于 11，可见表达式等价于 a>b?a:(b+1)。

条件表达式具有右结合性，例如 a>b?a:c>d?c:d 相当于 a>b?a:(c>d?c:d)。

条件表达式值的类型由表达式 2 和表达式 3 来决定，如 3>2?2.5:5 的值为实型 2.5，3<2?2.5:5 的值为实型数 5.0。

4.4　switch 语句和 break 语句

switch 语句是又一个描述多分支结构的语句，在某些特殊问题中，使用 switch 语句处理多种情况更为方便，其一般形式为

    switch(测试表达式)
    {
        case 常量表达式 1: 语句 1;
        case 常量表达式 2: 语句 2;
        …
        case 常量表达式 n: 语句 n;
        default: 语句 n+1;
    }

switch 语句的执行过程如下：

(1) 计算测试表达式的值。

(2) 用测试表达式的值顺次同 case 后常量表达式的值进行比较。

(3) 若找到值相等的常量表达式,则执行该常量表达式冒号后的语句(这是入口)。注意,该语句执行后，程序会依次执行其后的所有冒号后面的语句。

(4) 若找不到匹配的常量表达式的值，则执行 default 后面的语句。

说明：

(1)　switch 后测试表达式值类型的只能是整型数据或字符型数据。常量表达式通常是整型常量或字符常量。

(2)　case 与常量表达式之间必须用空格隔开。每个 case 后面的常量都应不相同。

(3)　switch 的语句体必须用 "{}" 括起来。

(4)　当 case 后包含多个语句时，可以不用花括号括起来，系统会自动识别并顺序执行所有语句。

【例 4.7】　输入考试成绩等级(A、B、C、D、E)，输出百分制分数段(90～100 为优秀(A)、80～89 为良好(B)、70～79 为中等(C)、60～69 为及格(D)、0～59 为不及格(E))。

程序代码：

```
#include <stdio.h>
void main()
```

```
    {
        char ch;
        printf("输入成绩等级：");
        scanf("%c",&ch);
        switch(ch)
        {
            case   'A':
                printf("成绩优秀：90---100\n");
            case ' B':
                printf("成绩良好：80---89\n");
            case   'C':
                printf("成绩中等：70---79\n");
            case   'D':
                printf("成绩及格：60---69\n");
            case   'E':
                printf("成绩不及格：0---59\n");
            default :
                printf("输入非法字符\n");
        }
    }
```

运行结果：

程序运行时，只能输入 5 个大写字母，否则认为是非法字符。程序输出结果为

输入成绩等级：C

成绩中等：70---79

成绩及格：60---69

成绩不及格：0---59

输入非法字符

分析：显然，程序的输出结果并不是预期的结果，原因是当输入"C"时，执行了输出"成绩中等：70---79"的输出语句并以此为入口，开始往下执行，直到 switch 语句的结束符"}"为止，因此程序不能实现分支结构的功能。

为了得到预期的输出结果，需要在 switch 语句中使用 break 语句。break 语句又称间断语句，可以将 break 语句放在 case 标号之后的任何位置，通常是在 case 之后的语句最后加上 break 语句。每当执行到 break 语句时，立即跳出 switch 语句体。switch 语句通常总是和 break 语句联合使用的，使得 switch 语句真正起到分支的作用。

现用 break 语句修改例 4.7 的程序：

```
#include <stdio.h>
void main()
{
    char ch;
```

```
    printf("输入成绩等级：");
    scanf("%c", &ch);
    switch(ch)
    {
        case 'A':
            printf("成绩优秀：90---100\n");
        break;
        case 'B':
            printf("成绩良好：80---89\n");
        break;
        case 'C':
            printf("成绩中等：70---79\n");
        break;
        case 'D':
            printf("成绩及格：60---69\n");
        break;
        case 'E':
            printf("成绩不及格：0---59\n");
        break;
        default :
            printf("输入非法字符\n");
    }
}
```

运行结果：

重新执行程序，输入 C，程序输出结果为

　　输入成绩等级：C

　　成绩中等：70---79

4.5　应 用 举 例

【例 4.8】　计算分段函数：

$$y = \begin{cases} x+1 & \text{当} \ -10 \leqslant x < 0 \ \text{时} \\ 2x+1 & \text{当} \ 0 \leqslant x \leqslant 10 \ \text{时} \\ 3x+1 & \text{当} \ 10 < x \leqslant 20 \ \text{时} \end{cases}$$

程序代码：

```
#include <stdio.h>
void main()
```

```
    {
        float x,y;
        scanf("%f",&x);
        if(x>=0)                /*下面的 if 子句只有一条语句，可以不用花括号*/
            if(x<=10)
                y=2*x+1;
            else
                y=3*x+1;
        else
            y=x+1;
        printf("y=%f\n", y);
    }
```

运行结果：

若输入 −5，则输出 y = −4.000000；若输入 5，则输出 y = 11.000000；若输入 15，则输出 y = 46.000000。若输入的 x 值为 25 或 −15，则输出的 y 值是多少？读者自己计算。显然上面程序没有考虑到输入数据的所有情况，当输入值小于 −10 或大于 20 时不能计算，要输出字符说明信息。下面是重新设计的程序。

程序代码：

```
    #include <stdio.h>
    void main()
    {
        float x,y;
        scanf("%f",&x);
        if(x<-10||x>20)
        printf("不计算!\n");
        else
        {
            if(x>=0)            /*下面的 if 子句只有一条语句，可以不用花括号*/
            if(x<=10)
                y=2*x+1;
            else
                y=3*x+1;
            else
                y=x+1;
            printf("y=%f\n",y);
        }
    }
```

【例 4.9】 编写简易计算器程序，完成任意两个数的+、−、*、/运算。

解题思路：

(1) 首先输入两个运算量 a 和 b，再输入运算符 ysf。

(2) 根据输入的运算符决定执行运算的类型。本例的运算符有 +、–、*、/ 四种，可用多分支结构解决。当 ysf 的值不是 +、-、*、/ 时，给出提示，退出程序。

程序代码：

```c
#include "stdio.h"
#include "stdlib.h"
void main()
{
    float a,b,z;
    char ysf;
    printf("\n 请输入两个运算量：");
    scanf("%f,%f",&a,&b);
    getchar();        /*用来接收前面操作的回车符，以便 ysf 能正确取值*/
    printf("\n 请选择运算符+、-、*、/:");
    ysf=getchar();
    switch(ysf)
    {
        case '+':z=a+b; break;
        case '-':z=a-b; break;
        case '*':z=a*b; break;
        case '/':z=a/b; break;
        default:printf("%c 不是运算符。\n",ysf);
        exit(0);        /*函数 exit(0)用于退出程序*/
    }
    printf("%0.2f %c %0.2f=%0.2f\n\n",a,ysf,b,z);
}
```

运行结果：

程序执行时，根据屏幕提示，从键盘输入 10 和 30，输入运算符 +，输出结果为

```
请输入两个运算量：10，30
请选择运算符 +、-、*、/:+
10.00 + 30.00 = 40.00
```

本 章 小 结

本章主要介绍了以下内容：

1. 选择结构。选择结构表示程序的处理步骤出现了分支，它需要根据某一特定的条件选择其中的一个分支执行。选择结构有单选择、双选择和多选择三种形式。一般情况下，双选择用简单的 if 语句或 if-else 语句实现，两个以上的多选择情况用 if-else-if 语句或 switch

语句实现，有时也会用 if 语句的嵌套来实现。

2. 关系运算与逻辑运算。这两种运算的运算结果都会得到一个逻辑值"真"或"假"。它们通常情况下是用来进行比较判断的。

3. if 语句。if 语句可以不带 else 子句，但 else 子句不能离开 if 独立使用。if 子句和 else 子句语法上必须是一条语句，若需要执行多个语句时，必须用"{}"括起来构成复合语句。复合语句在语法上被看成是一条语句。

4. switch 语句和 break 语句。switch 语句是又一个描述多分支结构的语句，但在 switch 语句中可利用 break 语句来实现多分支结构。

实　　训

1. 分析下面的程序，写出程序的功能，并上机验证。

程序一：

```
#include "stdio.h"
void main()
{
    float x,y,z;
    printf("please enter x, y, z: ");
    scanf("%f, %f, %f", &x, &y, &z);
    if(x<y)
        x=y;
    if(x<z)
        x=z;
    printf("%5.2f\n", x);
}
```

此程序的功能为＿＿＿＿＿＿＿＿＿＿＿＿＿＿＿＿＿＿＿＿＿＿＿＿＿

程序二：

```
#include "stdio.h"
void main()
{
    float x,y,z,max;
    printf("please enter x,y,z: ");
    scanf("%f,%f,%f",&x,&y,&z);
    max=x;
    if(max<y)
        max=y;
    if(max<z)
        max=z;
```

```
        printf("%5.2f\n",max);
    }
```

此程序的功能为_____

2. 输入某年的年份，判断此年是否闰年。

解题思路：闰年的判断方法是，若该年份能被 400 整除，或能被 4 整除而不能被 100 整除，则此年为闰年。在程序中，以变量 leap 代表是否闰年。如果是闰年，则令 leap=1；若非闰年，则令 leap=0。最后根据 leap 是否为 1，输出是否闰年的信息。

程序代码：

```
#include "stdio.h"
void main()
{
    int year,leap;


    scanf("%d",&year);
    if(year%4==0)
    {
        if(year%100==0)
        {
            if(year%400==0)
                leap=1;
            else
                leap=0;
        }
        else
            leap=1;
    }
    else
        leap=0;
    if(leap)
        printf("%d is",year);
    else
        printf("%d is not",year);
    printf(" a leap year\n");
}
```

上机执行程序时输入 2001 年和 2004 年，验证结果。

3. 从键盘上输入一个整数并放在 a 中，当输入的值为 1 时，屏幕上显示 A；输入的值为 2 时，屏幕上显示 B；输入的值为 3 时，屏幕上显示 C；输入其它值时，屏幕上显示 D。利用 switch 语句实现。

```c
#include "stdio.h"
void main()
{
    int a;
    scanf("%d", &a);
    switch(a)
    {
        case 1:printf("\n A"); break;
        case 2:printf("\n B"); break;
        case 3:printf("\n C"); break;
        default:printf("\n D"); break;
    }
}
```

第 5 章　循环结构程序设计

循环结构是结构化程序设计的三种基本结构之一，用于完成各类需要重复执行的操作，既简单又方便。通过本章的学习，将掌握构成循环结构的循环语句，即 while、do - while 和 for 语句，并可利用它们设计循环结构程序。

5.1　一个循环结构程序实例

要在计算机屏幕上输出 50 个"#"，可以使用 printf 语句一次完成，但需在程序中重复输入 50 次"#"，其工作量和繁琐程度可想而知。对于该操作，while 语句可轻松实现让计算机重复输出 50 次"#"，而程序中只输入一个"#"。

【例 5.1】　编写程序，在计算机屏幕上输出 50 个"#"。

解题思路：首先定义变量 i，并赋初始值 1，用 i 作为计数器。然后使用循环结构重复执行输出一个"#"的过程，每次输出一个"#"，就令 i 增 1，直到 i 累计达到 50 就停止重复工作。

程序代码：

```
#include "stdio.h"
void main()
{
    int i=1;
    while(i<=50)          /*用于控制重复次数*/
    {
        printf("#");      /*输出一个"#"*/
        i++;              /*计数器增 1*/
    }
}
```

运行结果：

程序执行后得到的输出结果为

分析：从该程序可以看到，循环就是重复执行某些操作，本例用 while 语句来实现这一循环过程。其中条件 i<=50 成立与否，决定着循环是否继续进行，被称为循环条件；程序中被重复执行的语句如 {printf("#"); i++;} 被称为循环体。

循环结构的特点就是重复执行某一段语句。用循环结构解决问题的关键就是找出循环继续与否的条件和需要重复执行的操作即循环体语句。程序设计中任何循环都必须是有条件或有限次的循环，一定要注意避免无限次数的循环，即死循环的发生，所以在程序中就必须有逻辑条件来控制循环的次数。上面的程序中如果去掉 i++语句，就会出现死循环现象。

C 语言中有三种可以构成循环结构的语句，分别是 while 语句、do-while 语句和 for 语句，本章将一一进行介绍。

5.2　while 语句

while 语句属于当型循环，其一般的语法形式为

    while(表达式)

    {

       循环体语句

    }

while 语句的执行过程是：

(1) 计算表达式的值，当值非 0 时，执行步骤(2)；当值为 0 时，执行步骤(4)。

(2) 执行循环体语句一次。

(3) 转去执行步骤(1)。

(4) 退出 while 循环。

其执行流程如图 5-1 所示。

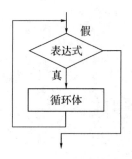

图 5-1　while 语句的执行流程

【例 5.2】　计算 $s = 1 + 2 + 3 + \cdots + 50$ 的值。

解题思路：

(1) 定义两个变量，用 k 表示累加数，用 s 存储累加和。

(2) 给累加数 k 赋初值 1，表示从 1 开始进行累加，给累加变量 s 赋初值 0。

(3) 使用 while 循环反复执行加法，在 s 原有值的基础上增加新的 k 值，之后再使 k 自动增 1，变成下一个要累加的数。

(4) 在每执行一次循环体后判断 k 的值是否达到 50，若超过 50 就退出循环。

(5) 输出结果 s。

程序代码：

```
#include <stdio.h>
```

```
void main()
{
    int s=0,k=1;
    while(k<=50)
    {
        s=s+k;
        k=k+1;
    }
    printf("s=%d\n",s);
}
```

运行结果:

　　　s=1275

分析:这是一个典型的累加问题。程序中用 s 存储每次累加后的和值,用 k 表示要累加的数。第一次计算 0+1 的值,并将其存入 s;第二次计算 s+2 的值,并将结果再次存到 s 中;第三次计算 s+3 的值,再将结果存到 s 中;如此重复,直到 s+50 为止,即 k 大于 50 退出循环。

while 语句使用时应注意的问题:

(1) while 后圆括号中的表达式可以是 C 语言中任意合法的表达式,但不能为空,因为它要用来控制循环体是否执行。

(2) 在语法上,循环体代表一条可执行语句,若循环体内有多条语句,应该使用复合语句。

(3) while 语句的特点是先判断条件后执行循环体语句,因此循环体语句有可能一次都不执行,因为 while 后的条件表达式可能一开始就为 0。

(4) 循环体内一定要有改变循环条件的语句,使循环趋于结束,否则循环将无休止地进行下去,形成"死循环"。

【例 5.3】　统计学生一门课程的考试平均分。

解题思路:

(1) 定义 5 个变量,x 存放学生成绩,v 是平均分,s 用于存放成绩之和并赋初值 0,k 用于循环计数并赋初值 1,n 为学生人数。

(2) 由键盘输入学生人数 n。

(3) 当 k 小于或等于学生人数 n 时,执行循环体,即输入学生成绩后,让 s 在原有值的基础上增加 x,加完后要使 k 加 1。

(4) 在每次执行完循环后判断 k 的值是否到达 n,若超过 n 则退出循环。

(5) 求平均值,然后输出结果。

程序代码:

```
#include <stdio.h>
void main()
{
    int x,s=0,k=1,n;
```

```
        float v;
        printf("输入学生人数=");
        scanf("%d", &n);
        while(k<=n)
        {
            printf("输入第 %d 名学生成绩=",k);
            scanf("%d", &x);
            s=s+x;
            k=k+1;
        }
        v=(float)s/n;
        printf("平均成绩 v=%f\n", v);
    }
```

运行结果:

输入学生人数=5<回车>

输入第　　　1　　　名学生成绩=89<回车>

输入第　　　2　　　名学生成绩=91<回车>

输入第　　　3　　　名学生成绩=79<回车>

输入第　　　4　　　名学生成绩=81<回车>

输入第　　　5　　　名学生成绩=61<回车>

平均成绩 v=80.200000

5.3　do-while 语句

do-while 语句属于直到型循环，其一般的语法形式为

```
    do
    {
        循环体语句
    }while(表达式);
```

例如，下面是一个可以输出 50 个 "#" 的 do-while 语句：

```
    i=1;
    do
    {
        printf("#");
        i++;
    }
    while(i<=50);
```

do-while 语句的执行过程是：

(1) 执行 do 后面循环体中的语句。

(2) 计算 while 后表达式中的值，当值非 0 时，转去执行步骤(1)；当值为 0 时，执行步骤(3)。

(3) 退出 do-while 循环。

由 do-while 构成的循环与 while 循环十分相似，它们之间的重要区别是：while 循环的控制出现在循环体之前，只有当 while 后面条件表达式的值非 0 时，才可能执行循环体，因此循环可能一次都不执行；在 do-while 构成的循环中，总是先执行一次循环体，再求表达式的值，因此，无论表达式的值是否为 0，循环体至少要被执行一次。

do-while 语句的执行流程如图 5-2 所示。

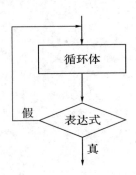

图 5-2　do-while 语句的执行流程

【例 5.4】　用 do-while 语句改写例 5.2。

程序代码：

```
#include <stdio.h>
void main()
{
    int s=0,k=1;
    do
    {
        s=s+k;
        k=k+1;
    }
    while(k<=50);
    printf("s=%d\n",s);
}
```

运行结果：

　　s=1275

使用 do-while 语句时应注意以下问题：

(1) do 是 C 语言中的关键字，必须和 while 联合使用。

(2) 该循环由 do 开始，至 while 结束。一定注意 while(表达式)后的“；”不能省略，它表示 do-while 语句的结束。

(3) 不论循环体是一条语句还是多条语句，花括号 "{}" 都不能省略。

(4) 应避免出现 "死循环"。

【例 5.5】 计算 $s = 1 + \dfrac{1}{22} + \dfrac{1}{32} + \dfrac{1}{42} + \cdots$ 直到某项的值小于 0.5×10^{-4} 为止。

程序代码：

```
#include <stdio.h>
void main()
{
    float i = 2, p, s = 1;
    do
    {
        p = 1/(i*10+2);
        s = s+p;
        i++;
    }
    while(p > 0.5e-4);
    printf("s = %f\n", s);
}
```

运行结果：

```
s = 1.637916
```

5.4　for 语句

对于固定次数的循环，使用 for 循环语句较容易实现。For 语句属于当型循环。for 语句的一般语法形式为

```
for(表达式 1；表达式 2；表达式 3)
    循环体语句
```

例如，下面是一个可以输出 50 个 "#" 的 for 语句：

```
for(i=1; i<=50; i++)
    printf("#");
```

for 语句的执行过程是：

(1) 计算表达式 1。

(2) 计算表达式 2，若其值非 0，转步骤(3)；若其值为 0，转步骤(5)。

(3) 执行一次 for 循环体。

(4) 计算表达式 3，转步骤(2)。

(5) 结束循环。

其执行流程如图 5-3 所示。

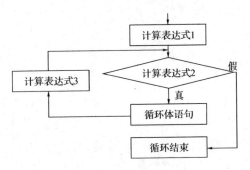

图 5-3　for 语句执行流程

【例 5.6】 用 for 语句改写例 5.2。

程序代码：

下面用四种方法实现，注意表达式的用法。

方法一：

```
#include <stdio.h>
void main()
{
    int s,i;
    s=0;
    for(i=1;i<=50;i++)
        s=s+i;
    printf("s=%d\n",s);
}
```

方法二：

```
#include <stdio.h>
void main()
{
    int s=0,i=1;
    for(;i<=50;)
    {
        s=s+i;
        i=i+1;
    }
    printf("s=%d\n",s);
}
```

此种用法与 while 语句的功能是相同的。表达式 1 和表达式 3 都可以缺省，但分号不能省略。表达式 1 可以放在循环之前，表达式 3 则作为循环体的最后一条语句。

方法三：

```
#include <stdio.h>
void main()
```

```
    {
        int s,i;
        for(s=0,i=1;i<=50;i++)
            s+=i;
        printf("s=%d\n",s);
    }
```

在表达式 1 和表达式 3 中经常使用逗号运算符。

方法四：

```
    #include <stdio.h>
    void main()
    {
        int s,i;
        for(s=0,i=1;i<=50;s+=i,i++);
            printf("s=%d\n",s);
    }
```

该程序中的循环体只有一个分号，又称为空语句。虽然空语句什么也不做，但它是 for 的内嵌语句，在本程序中是不能缺省的。

运行结果：

```
    s=1275
```

使用 for 语句时应注意以下问题：

(1) for 循环相当于下面的 while 循环：

```
    表达式 1;
    while(表达式 2)
    {
        循环体;
        表达式 3;
    }
```

(2) for 语句内必须有两个分号，程序编译时将根据两个分号的位置来确定三个表达式。

(3) for 语句中的表达式可以部分或全部省略，但两个 "；" 不可省略，见例 5-6 程序的方法二。

(4) C 语言中的 for 语句书写灵活，功能较强。虽然可以写成多种形式，但会降低程序的可读性，所以建议最好还是使用规范的语句形式。由于经常用表达式 1 进行循环变量赋初值，用表达式 2 控制循环结束，用表达式 3 控制循环变量递增或递减，所以规范的 for 语句形式为

```
    for(循环变量初值；循环条件；循环变量增/减值)
        { 循环体语句 }
```

【例 5.7】　编写程序，计算半径分别为 0.5 mm、1.0 mm、1.5 mm、2.0 mm、2.5 mm 时的圆面积。

解题思路：本题要求计算 5 个不同半径的圆的面积，且半径值的变化是有规律的，从

0.5 mm 按每次增加 0.5 mm 的规律递增，所以可直接用半径 r 作为 for 循环控制变量，每循环一次使 r 增加 0.5 mm，直到 r 大于 2.5 mm 为止。

程序代码：

```
#include "stdio.h"
void main()
{
    double r, s, PI=3.1416;
    for(r=0.5; r<=2.5; r+=0.5)
    {
        s=PI*r*r;
        printf("r=%3.1fs=%f\n", r, s);
    }
}
```

运行结果：

r=0.5 s=0.785400 r=1.0 s=3.141600 r=1.5 s=7.068600

r=2.0 s=12.566400 r=2.5 s=19.635000

分析：程序中变量 r 既作为循环控制变量，又是半径的值，它的值由 0.5 变化到 2.5，循环体共执行 5 次，当 r 增到 3.0 时，条件表达式"r<=2.5"的值为 0，从而退出循环。

5.5　多重循环

如果一个循环体中包含另一个完整的循环结构，则称此为循环的嵌套，或称为多重循环(多层循环)。使用循环的嵌套时，三种循环语句可以自身嵌套，也可以互相嵌套。

例如：分析下面的程序段，理解循环嵌套。

程序段一：

```
for(i=1;i<=5;i++)        /*单层循环，输出 5 个"*" */
    printf("*");          /*循环体*/
```

输出结果：

*****

程序段二：

```
for(i=1;i<=3;i++)        /*外层循环*/
    for(k=1;k<=5;k++)    /*内层循环，也是外层循环的循环体*/
        printf("*");
```

输出结果为 15 个"*"：

****

很明显，此程序段中 for 循环内部又包含了一个 for 循环，属于两层循环。其中外层循环用循环变量 i 控制，i 的循环次数为 3 次；内层循环用循环变量 k 控制，循环次数为外层循环每执行一次，内层循环 k 就循环 5 次，所以输出结果就为 15 个"*"。

程序段三:

```
for(i=1;i<=3;i++)
{
    for(k=1;k<=5;k++)
        printf("*");
    printf("\n");
}
```

输出结果:

```
*****
*****
*****
```

该程序段因为加入了换行语句,所以输出的是 3 行 5 列的 "*"。

【例 5.8】 输出九九乘法表。

解题思路:九九乘法表中共有九行九列,所以定义两个控制变量 i 和 j,其中 i 表示乘数,使其从 1 递增到 9;j 表示被乘数,从 1 递增到 9;用外层循环实现行的转换,内层循环输出一行中的内容,而内层循环的循环体是输出每行中的某一项。

程序代码:

```
#include <stdio.h>
void main()
{
    int i,j;
    for(i=1;i<=9;i++)
    {
        for(j=1;j<=9;j++)
        printf("%d*%1d=%2d    ",i,j,i*j);
        printf("\n");
    }
}
```

运行结果:

1*1=1	1*2=2	1*3=3	1*4= 4	1*5= 5	1*6= 6	1*7= 7	1*8= 8	1*9= 9
2*1=2	2*2=4	2*3=6	2*4= 8	2*5=10	2*6=12	2*7=14	2*8=16	2*9=18
3*1=3	3*2=6	3*3=9	3*4=12	3*5=15	3*6=18	3*7=21	3*8=24	3*9=27
4*1=4	4*2= 8	4*3=12	4*4=16	4*5=20	4*6=24	4*7=28	4*8=32	4*9=36
5*1=5	5*2=10	5*3=15	5*4=20	5*5=25	5*6=30	5*7=35	5*8=40	5*9=45
6*1=6	6*2=12	6*3=18	6*4=24	6*5=30	6*6=36	6*7=42	6*8=48	6*9=54
7*1=7	7*2=14	7*3=21	7*4=28	7*5=35	7*6=42	7*7=49	7*8=56	7*9=63
8*1=8	8*2=16	8*3=24	8*4=32	8*5=40	8*6=48	8*7=56	8*8=64	8*9=72
9*1=9	9*2=18	9*3=27	9*4=36	9*5=45	9*6=54	9*7=63	9*8=72	9*9=81

思考：如果将内层循环控制改成 for(j=1;j<=i;j++)，则运行结果只输出下三角部分。想想为什么？

【例5.9】　计算 m 名学生 n 门课程的个人平均成绩。

解题思路：首先输入学生人数 m 和课程门数 n。外层循环控制变量为 i，每循环一次输入一名学生的各门成绩，并计算该学生的平均成绩。内层循环次数由变量 j 控制，分别输入一名学生的 n 门课程成绩，并累加到变量 s 中，内层循环结束时计算并输出平均成绩。

在多层循环结构程序中，要特别注意循环体的控制范围，以及每条语句的位置关系。变量 s 赋初值的位置，必须在外层循环之内、内层循环之前。计算和输出平均值的两条语句放在内层循环结束后、外层循环结束之前。

程序代码：

```c
#include <stdio.h>
void main()
{
    int m,n,i,j;
    float x,s,v;
    scanf("%d,%d",&m,&n);
    for(i=1;i<=m;i++)
    {
        for(s=0,j=1;j<=n;j++)
        {
            scanf("%f",&x);
            s=s+x;
        }
        v=s/n;
        printf("v=%f\n",v);
    }
}
```

运行结果：

```
2,3<Enter>          (人数 2，课程门数 3)
70<Enter>
78<Enter>
80<Enter>
v=76.000000         (输出结果)
80<Enter>
88<Enter>
90<Enter>
v=86.000000         (输出结果)
```

5.6　break 语句和 continue 语句

5.6.1　break 语句

在前面所讲的 switch 语句中，曾使用 break 语句跳出 switch 结构。break 语句也可以出现在三种循环语句(while、do-while 和 for 循环语句)的循环体中，使循环结束。如果是在多层循环体中使用 break 语句，只结束本层循环。

【例 5.10】 计算若干名学生考试成绩的平均分，当输入 −1 时结束。

程序代码：

```c
#include <stdio.h>
void main()
{
    int s=0, k=0, x;
    float v;
    while(1)
    {
        scanf("%d", &x);
        if(x==-1)
            break;
        s=s+x;
        k=k+1;
    }
    v=(float)s/k;
    printf("人数=%d, 平均分=%f\n", k, v);
}
```

5.6.2　continue 语句

如果在循环体中遇到 continue 语句，则结束本次循环，继续下一次循环，即 continue 语句后面的语句不被执行，但不影响下一次的循环。

【例 5.11】 计算 100 之内能被 7 或 9 整除的所有整数之和。

程序代码：

```c
#include <stdio.h>
void main()
{
    int i,sum=0;
    for(i=1;i<=100;i++)
```

```
    {
        if(i%7!=0&&i%9!=0)
            continue;
        sum=sum+i;
    }
    printf("sum=%d\n",sum);
}
```

break 语句可以结束整个循环，而 continue 语句只能结束本次循环。

5.7　应用举例

【例 5.12】　计算 $sum = 1 - \dfrac{1}{3} + \dfrac{1}{5} - \dfrac{1}{7} + \cdots + \dfrac{1}{19}$。

程序代码：

```
#include <stdio.h>
void main()
{
    int i,t=1;
    float sum=0;
    for(i=1; i<=19; i=i+2)
    {
        sum+=1.0*t/i;
        t=-t;
    }
    printf("sum=%f\n", sum);
}
```

运行结果：

sum=0.760460

分析：在本程序的循环体中，变量 t 在 1 和 −1 之间切换。1.0*t/i 中的 1.0 是实型常数，主要用于保证公式计算达到实型精度。

【例 5.13】　输入 15 名学生一门课程的考试成绩及学号，输出平均成绩、最高分和学号。

程序代码：

```
#include <stdio.h>
void main()
{
    int i,no,nomax;
    float x,max,v,s;
```

```
        scanf("%d,%f",&no,&x);
        max=x;
        nomax=no;
        s=x;
        for(i=1;i<=14;i++)
        {
            scanf("%d,%f",&no,&x);
            s=s+x;
            if(x>max)
            {
                max=x;
                nomax=no;
            }
        }
        v=s/15;
        printf("v=%f\n",v);
        printf("nomax=%d,max=%f\n",nomax,max);
    }
```

【例 5.14】 Fibonacci 数列为

$$f_1 = f_2 = 1$$

$$f_n = f_{n-1} + f_{n-2} \quad (n = 3, 4, \cdots)$$

输出数列前 20 项的值。

解题思路：

(1) 定义循环变量 i，用来表示数列的项数。因为 i 从 1 递增到 20，而数列的前两项已经给出，所以 i 的初值为 3。

(2) 定义变量 f 存储每次计算出来的通项。定义变量 f_1 和 f_2，每次计算完通项后，在计算下一项时，原来的 f_2 就成为新的 f_1，刚计算出的 f 就成为新的 f_2。

(3) 为了更清晰地输出数列，每行输出 5 个数。

程序代码：

```
    #include <stdio.h>
    void main()
    {
        int f1=1, f2=1, i, f;
        printf("f1 = %d\tf2=%d\t", f1, f2);
        for(i=3; i<=20; i++)
        {
            f=f1+f2;
            printf("f%d=%d\t", i, f);
            if(i%5==0)
```

```
        printf("\n");
     f1=f2;
     f2=f;
    }
  }
```

运行结果：

f1=1	f2=1	f3=2	f4=3	f5=5
f6=8	f7=13	f8=21	f9=34	f10=55
f11=89	f12=144	f13=233	f14=377	f15=610
f16=987	f17=1597	f18=2584	f19=4181	f20=6765

【例 5.15】 输入一串字符(回车为止)，统计数字、空格、大写字母、小写字母和其它字符的个数。

解题思路：在程序中，设计 s1、s2、s3、s4 和 s5 分别为统计数字、空格、大写字母、小写字母和其它字符的个数的变量。

程序代码：

```
#include <stdio.h>
void main()
{
  char ch;
  int s1=0, s2=0, s3=0, s4=0, s5=0;
  while((ch=getchar())!='\n')
  {
    if(ch>='0'&&ch<='9')    /* ch 为数字 */
      s1=s1+1;
    else
      if(ch==' ')       /* ch 为空格符 */
        s2=s2+1;
      else if(ch>='A'&&ch<='Z')      /* ch 为大写字母 */
        s3=s3+1;
      else if(ch>='a'&&ch<='z')      /* ch 为小写字母 */
        s4=s4+1;
      else                   /* ch 为其它字符 */
        s5=s5+1;
  }
  printf("数字字符个数：%d\n", s1);
  printf("空格字符个数：%d\n", s2);
  printf("大写字母个数：%d\n", s3);
  printf("小写字母个数：%d\n", s4);
  printf("其它字符个数：%d\n", s5);
```

```
    }
```
运行结果：

输入"abc,X Y W 123de #ABC<Enter>"，则输出为

　　数字字符个数：3

　　空格字符个数：4

　　大写字母个数：6

　　小写字母个数：5

　　其它字符个数：2

　　分析：循环控制条件为(ch=getchar())!='\n'，首先由 getchar()函数读入一个字符并赋给变量 ch，ch 字符作为表达式(ch=getchar())的值，然后判断 ch 是否为回车换行符。当输入回车时循环结束。

本 章 小 结

本章主要介绍以下内容：

1. 循环结构。循环结构的特点就是重复执行某一段语句。用循环结构解决问题的关键就是找出循环继续与否的条件和需要重复执行的操作，即循环体语句。

2. 三种循环语句。C 语言中提供了三种实现循环结构的语句：while 语句、do-while 语句和 for 语句。三种循环语句可以用来处理同一个问题，但它们各有特点，所以要根据问题的实际情况选择合适的循环语句。一般来说，对于循环次数已知的多使用 for 循环，而对于循环次数不确定的则多使用 while 语句和 do-while 语句。

3. 多重循环。如果一个循环体中包含另一个完整的循环结构，称此为循环的嵌套，或称为多重循环(多层循环)。使用循环的嵌套时，三种循环语句可以自身嵌套，也可以互相嵌套。

4. break 语句和 continue 语句。break 语句用于提前结束循环，如果是在多层循环体中使用 break 语句，则结束本层循环。如果在循环体中遇到 continue 语句，则结束本次循环，继续下一次循环，即 continue 语句后面的语句不被执行，但不影响下一次的循环。

实　　训

1. 从键盘输入 5 个整数，求其累加和。

```c
#include "stdio.h"
void main()
{
    int i,s,m;
    i=1;
    s=0;
    while(i<=5)
```

```
    {
        printf("输入一个整数：");
        scanf("%d",&m);
        s=s+m;
        i++;
    }
    printf("五个整数的和是：%d\n",s);
}
```

2. 求满足 $1+2+3+\cdots+n<500$ 中最大的 n 及其和。

```
#include "stdio.h"
void main()
{
    int a,b; a=b=0;
    do{
        ++a;
        b+=a;
    }while(b<500);
    printf("a=%d, b=%d\n", a-1, b-a);
}
```

运行结果：

```
a=31,b=496
```

试分析，如果此程序中最后的输出语句换成如下形式，对不对？为什么？

```
printf("a=%d, b=%d\n", a, b);
```

3. 求 100～1000 中所有的水仙花数。所谓水仙花数，是指一个三位数，其各位数字立方各等于该数本身。例如，153 是一水仙花数，因为 $153=1^3+5^3+3^3$。请依照实训指导，将程序补充完整，并上机调试运行。

实训指导：

(1) 定义变量 n，让 n 从 100 递增到 1000，用 for 语句，然后判断每个 n 是否是水仙花数。

(2) 从 n 中取出百位数、十位数和个位数，并分别用变量 i、j、k 表示。

(3) 当 $i^3+j^3+k^3=n$ 时，则 n 是水仙花数，并输出。

程序代码：

```
#include "stdio.h"
void main()
{
    int i,j,k,n; printf("水仙花数是：");
    for(_____)
    {
        i=n/100;            /*分离出百位数*/
```

```
        j=(n/10)%10;              /*分离出十位数*/
        k=_____;           /*分离出个位数*/
        if(n==i*i+j*j+k*k)
            printf(_____);        /*输出 n 的分解形式*/
    }
    printf("\n");
}
```

4. 用一元纸币换 1 分、2 分及 5 分的硬币，要求换到的硬币总数为 50 枚，问：有多少种换法？每种换法中各种硬币分别是多少？

实训指导：设 x,y,z 分别代表 5 分、2 分及 1 分硬币的数目。三个变量只有两个是独立的，第三个必须满足 $z = 100 - 5 * x - 2 * y$ 及 $x + y + z = 50$ 的条件。因此，可用二重循环解此问题。其中 x 可为 0～20，y 可为 0～50。

程序代码：

```c
#include "stdio.h"
void main()
{
    int x,y,z;
    printf("FIVE\Two\One\n");
    for(x=0;x<=20;++x)
        for(y=0;y<=50;++y)
        {
            z=100-5*x-2*y;
            if(x+y+z==50)
            printf("%3d\t%3d\t%3d\n",x,y,z);
        }
}
```

运行结果：

FIVE	TWO	ONE
0	50	0
1	46	3
2	42	6
...		
12	2	36

从运行结果可以看出，共有 13 种换法满足条件。

第6章 数 组

在程序设计中，为了处理方便，把具有相同类型的若干变量按有序的形式组织起来，这些按序排列的同类数据元素的集合称为数组。在 C 语言中，数组属于构造数据类型。一个数组可以分解为多个数组元素，这些数组元素可以是基本数据类型或是构造类型。因此按数组元素类型的不同，数组又可分为数值数组、字符数组、指针数组、结构数组等类别。本章将介绍数组的定义、引用等相关知识，以此来解决同类型大量数据的处理问题。

6.1　数组的一般定义形式

数组的一般定义形式为

数据类型说明　符数组名[常量表达式]

其中，类型说明符是任一种基本数据类型或构造数据类型。数组名是用户定义的数组标识符。方括号中的常量表达式表示数据元素的个数，也称为数组的长度。例如：

```
int a[10];              说明整型数组 a 有 10 个元素
float b[10], c[20];     说明实型数组 b 有 10 个元素，实型数组 c 有 20 个元素
char ch[20];            说明字符数组 ch 有 20 个元素
```

数组定义所应遵循的一般原则如下：

(1) 数组的类型实际上是指数组元素的取值类型。对于同一个数组，其所有元素的数据类型都是相同的。

(2) 数组名的书写规则应符合标识符的书写规定。

(3) 数组名不能与其它变量名相同，例如：

```
void main()
{
    int a;
    float a[10];
    ...
}
```

是错误的。

(4) 方括号中常量表达式表示数组元素的个数，如 a[5]表示数组 a 有 5 个元素，但是其下标从 0 开始计算，因此 5 个元素分别为 a[0]、a[1]、a[2]、a[3]、a[4]。

(5) 不能在方括号中用变量来表示元素的个数，但可以是符号常数或常量表达式。例如：

```
#define FD 5
void main()
```

```
    {
        int a[3+2], b[7+FD];
        ...
    }
```

是合法的。但是下述说明方式是错误的：

```
    void main()
    {
        int n=5;
        int a[n];
        ...
    }
```

(6) 允许在同一个类型说明中，说明多个数组和多个变量。例如：

```
int a, b, c, d, k1[10], k2[20];
```

6.2　数组的表示方法

　　数组元素是组成数组的基本单元。数组元素也是一种变量，其标识方法为数组名后跟一个下标，下标表示元素在数组中的顺序号。数组元素的一般形式为

数组名[下标]

其中的下标只能为整型常量或整型表达式。如为小数，C 编译将自动取整。

　　例如，a[5]、a[i+j]、a[i++]都是合法的数组元素。数组元素通常也称为下标变量。必须先定义数组，然后才能使用下标变量。在 C 语言中只能逐个地使用下标变量，而不能一次引用整个数组。

　　例如，输出有 10 个元素的数组必须使用循环语句逐个输出各下标变量：

```
for(i=0; i<10; i++)
printf("%d", a[i]);
```

而不能用一个语句输出整个数组，下面的写法就是错误的：

```
printf("%d",a);
```

【例 6.1】　将如下整数逆序输出：

8, 2, 9, 4, 5, 6, 3, 7, 1

解题思路：

(1) 定义一个构造类型数据——数组来存放一组数据。

(2) 利用循环逐一取出其中某一数据进行输入和输出操作。

程序代码：

```
#include <stdio.h>
void main()
{   int i, a[10];
    printf("请输入 10 个整数: ");
```

```
        for(i=0; i<10; i++)
            scanf("%d", &a[i]);
        for(i=9; i>=0; i--)
            printf("%d", a[i]);
    }
```

运行结果：当输入 8，2，9，4，5，6，3，7，1，6 这 10 个数据后，输出
　　6，1，7，3，6，5，4，9，2，8

分析：对于本程序，可以定义 10 个变量来存放 10 个数据，利用逐个输入、逐个输出的方式来完成。但如果将 100 个数反序输出，定义 100 个变量的方法在编程思想中是不太现实的一件事。这将涉及变量取名及编程人员对变量命名的记忆问题。

利用例题的解决方法，程序中定义一个大小为 10 的整型数组来存放 10 个整型数据，利用循环，可以很方便地通过控制下标来访问每个数组元素，完成对数据的输入和输出。当数据扩充时，只需更改数组的大小以及循环次数即可。

定义数组时，计算机为数组变量分配一个首地址，并根据数组元素个数及类型连续分配固定的存储空间。由于每个数组元素占用内存字节数相同，并且是连续存放的，所以可以按数组元素在数组中的排列序号来访问数组元素。数组变量最主要的特点是：数组是同类型元素的集合，并且各个元素是连续存放的。

6.3　一　维　数　组

6.3.1　一维数组的定义

一维数组通常用于表示由固定的多个同类型的具有线性次序关系的数据所构成的复合数据，如向量、某个学生的各门课成绩、学生的姓名表等。

一维数组的大小和类型要通过数组定义来确定。一维数组的定义形式为
　　数据类型说明符　数组名[常量表达式];

例如：
　　int a[10];

数组名是用户定义的数组标识符，数组名的命名规则要遵循标识符命名规则。方括号中的常量表达式表示数组元素的个数，也称为数组的长度。

一维数组在内存中的存放规则是，下标从 0 开始有序存放，编译时将会为数组分配连续的存储单元。其存储结构示意如图 6-1 所示。

a[0]	a[1]	a[2]	a[3]	a[4]	a[5]	a[6]	a[7]	a[8]	a[9]

图 6-1　一维数组 a 的存储结构示意图

6.3.2　一维数组的初始化

数组的初始化就是在定义的同时，给部分或全部元素赋值。一维数组初始化的格式为

> 数据类型说明符 数组名[常量表达式] = {初值表};

其中，初值表要用一对花括号{}括起来，每个初始值之间要用逗号隔开。如果对所有数组元素赋初值，可以缺省指定数组大小。例如

> int a[] = {78, 76, 87, 70, 89, 95, 80, 69, 82, 90};

如果只为数组前面部分的元素赋初值，则数组大小必须指定。如：

> int a[10] = {78, 76, 87, 70, 89};

后面 5 个没有赋初值的数组元素的值自动置零。

如果想使一维数组中全部元素值为 0，可以写成

> int a[10] = {0, 0, 0, 0, 0, 0, 0, 0, 0, 0};

或

> int a[10] = {0};

而不能写成

> int a[10] = {0*10};

也不能不给 a 数组赋值，否则 a 数组将存放随机数。

6.3.3　一维数组的引用

像普通变量一样，数组定义后，就可以在程序中按数据元素的下标值来逐个访问数组中的元素，其语法形式为

> 数组名[下标]

其中，下标可以是整型常量或整型表达式。

【例 6.2】　构造一个具有 5 个元素的数组，并将下标值的平方赋值给每个元素后输出。

解题思路：数组中的 5 个元素，要通过下标值逐一引用。

程序代码：

```
#include <stdio.h>
#define N 5
void main()
{   int i, a[5];
    for(i=0; i<N; i++)
        a[i] = i*i;
    for(i=0; i<N; i++)
        printf("下标为%d 的元素的值是：%d\n", i, a[i]);
}
```

运行结果：

> 下标为 0 的元素的值是：0
> 下标为 1 的元素的值是：1
> 下标为 2 的元素的值是：4
> 下标为 3 的元素的值是：9
> 下标为 4 的元素的值是：16

分析：在这个程序中使用了编译预处理命令 "#define N 5"。define 命令的功能是在程序编译前将源文件内的所有标识符 N 替换为字符 5，C 语言称 N 为符号常量。如果用符号常量定义数组的大小，并在数组的循环控制中统一使用符号常量，以后再修改数组大小时就非常方便，只需修改符号常量的定义即可。本程序中，第一个 for 循环是对数组中各个元素逐个赋值，第二个 for 循环是将数组中各个元素的值显示输出。

6.3.4 应用举例

【例 6.3】 计算 10 名学生的平均成绩，并输出高于平均分的成绩。

解题思路：

(1) 10 名学生的成绩由赋值的方式完成初始化。

(2) 利用循环完成求 10 名学生总分的操作。

(3) 退出循环后求平均分。

(4) 利用已存放的数组元素值与平均分比较，求出高于平均分的值。

程序代码：

```c
#include <stdio.h>
void main()
{
    int a[10]={78,76,87,70,89,95,80,69,82,90},i,sum;
    float v;
    for(i=0,sum=0;i<10;i++)
        sum+=a[i];
    v=sum/10.0;
    printf("v=%f\n",v);
    for(i=0;i<10;i++)
        if(a[i]>v)
            printf("%d,%d\n",i,a[i]);
}
```

运行结果：

```
v=81.6
2,87
4,89
5,95
8,82
9,90
```

【例 6.4】 利用数组输出 Fibonacci 数列的前 20 项。

解题思路：

(1) 寻找 Fibonacci 数列的规律。

(2) 构造数组并赋初值。

(3) 输出格式。

程序代码：

```
#include <stdio.h>
#define N 20
void main()
{
    int i,f[20]={1,1};
    for(i=2; i<N; i++)
        f[i]=f[i-2]+f[i-1];
    for(i=0; i<N; i++)
    {
        if(i%5==0)
            printf("\n");
        printf("%12d",f[i]);
    }
}
```

运行结果：

```
  1       1       2       3       5
  8      13      21      34      55
 89     144     233     377     610
987    1597    2584    4181    6765
```

分析：if 语句用来控制换行，每行输出 5 个数据。

【例 6.5】 输入 6 个数，用冒泡法由小至大排序输出。

解题思路：将相邻的两个数比较，小数调到前头。如有 6 个数，第一次将 6 和 4 对调，第二次将 6 和 5 对调，共进行 5 次，得到如图 6-2 所示结果，最大数 9 已沉底。然后进行第二趟比较，对余下的前面 5 个数按上述方法进行比较。这样如果有 n 个数，就要进行 n−1 趟比较。在第 j 趟比较中要进行 n−j 次两两比较。

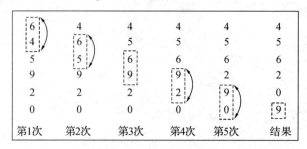

图 6-2　冒泡法第一趟比较

程序代码：

```
#define N 6
#include <stdio.h>
void main()
```

```
    {
        int a[N]={6, 4, 5, 9, 2, 0}, i, j, t;
        for(i=1; i<=N-1; i++)
        {
            for(j=0; j<=N-i-1; j++)
                if(a[j]>a[j+1])
                {
                    t=a[j]; a[j]=a[j+1]; a[j+1]=t;
                }
            for(j=0; j<6; j++)
                printf("%d\n", a[j]);
        }
    }
```

通过上述内容，应该掌握一维数组的定义、初始化及引用方式。

6.4　二　维　数　组

前面介绍的数组只有一个下标，称为一维数组。在实际问题中经常要处理多维的量，需要构造二维数组或多维数组。简单地说，二维数组就是具有两个下标的数组，其元素有两个下标，以标识它在数组中的位置。从逻辑上，二维数组可看成具有若干行、若干列的表格或矩阵。因此，在程序中用二维数组存放排列成行列结构的表格数据。

6.4.1　二维数组的定义

二维数组的一般定义形式为
　　数据类型说明符　数组名[常量表达式 1][常量表达式 2];
其中，数据类型说明符、数组名和常量表达式的用法与一维数组的定义相同。
　　例如：
　　　　int a[2][3];
其中，a 为 2 行 3 列的二维整型数组，包含 6 个数组元素，分别是 a[0][0]、a[0][1]、a[0][2]、a[1][0]、a[1][1]、a[1][2]，第 1 个下标称为行下标，第 2 个下标称为列下标，常量表达式 1 定义了数组 a 的行数，常量表达式 2 定义了数组 a 的列数。每个下标的最小值为零，最大值仍为常量表达式 1 或常量表达式 2 减 1。

在定义二维数组时需要注意，两个常量表达式的值只能是正整数，分别表示行数和列数，书写时要分别括起来。例如，以下定义方式是不正确的：
　　　　float a[3, 4];
二维数组的逻辑结构似一个表格，但在物理结构上，与一维数组一样，在内存中占据连续的存储单元。其存储是按行优先的顺序存放，即第 0 行元素在前，然后是第 1 行元素，以此类推。二维数组 a[3][4]在内存中的存储结构如图 6-3 所示。

a[0][0]	a[0][1]	a[0][2]	...	a[2][1]	a[2][2]	a[2][3]

图 6-3　二维数组 a[3][4]的存储结构示意图

6.4.2　二维数组的初始化

二维数组赋初值的方式有两种，一种是不分行，给二维数组所有元素赋初值，如：

　　　int a[2][3] = {1, 3, 5, 2, 4, 6};

中，二维数组按行给数组元素赋初值，各个元素的赋值结果为

　　　a[0][0] = 1, a[0][1] = 3, a[0][2] = 5, a[1][0] = 2, a[1][1] = 4, a[1][2] = 6

另一种更直观的方法是分行给二维元素赋初值，各行元素初值用花括号括起来，如：

　　　int a[2][3] = {{1, 3, 5}, {2, 4, 6}};

同一维数组一样，二维数组也可以只给部分元素赋初值，如：

　　　int a[2][3] = {1, 3, 5};

中，对于数组的前三个元素 a[0][0]、a[0][1]、a[0][2]，分别赋初值 1、3、5，其它剩余元素都为 0。

此外，二维数组还可以用分行的方法给部分元素赋初值，如：

　　　int a[2][3] = {{1, 2}, {3}};

初始化后各元素的值是

　　　a[0][0] = 1, a[0][1] = 2, a[0][2] = 0, a[1][0] = 3, a[1][1] = 0, a[1][2] = 0

由此看出，分行赋初值可以不顺序赋值，应用起来更灵活、方便。

对于二维数组的赋初值，可以省略对常量表达式 1 的说明，但是无论何种情况，都不能省略对常量表达式 2 的说明。例如在给全部元素赋值时，

　　　int a[ ][3]={1, 2, 3, 4, 5, 6};

编译系统会根据所定义的初值个数来分配相应的存储单元。例如，分行给元素赋初值时，

　　　int　a[ ][3]={{1}, {2, 3, 4}};

编译系统也会根据所分的行数来确定常量表达式 1。

6.4.3　二维数组的引用

二维数组中的每个元素都需要由数组名和两个下标来确定，其引用形式为

　　　数组名[下标][下标]

例如：

　　　a[2][3]

下标可以是整型表达式，如 a[2−1][2*2−1]。数组元素可以出现在表达式中，也可以被赋值，例如：

　　　b[1][2] = a[2][3]/2

以下对于二维数组的引用形式是不正确的：

　　　a[2, 3], a[2-1, 2*2-1]　　　　　/*两个下标写在了一个方括号里*/

```
    int a[3][4];
    a[3][4] = 3;                    /*引用数组的下标值超过了已定义数组大小的范围*/
```

【例 6.6】 求 3×3 二维数组各行元素之和。

解题思路：二维数组的每一个元素都必须利用数组元素的下标来单独引用，而不能整体引用。

程序代码：

```
#include <stdio.h>
void main()
{
    int s,i,j,a[3][3] = {{1, 2, 3}, {4, 5, 6}, {7, 8, 9}};
    for(i=0; i<3; i++)
    {
        for(j=0, s=0; j<3; j++)
            s = s+a[i][j];
        printf("第%d 行元素和为: %d\n", i, s);
    }
}
```

运行结果：

```
第 0 行元素和为: 6
第 1 行元素和为: 15
第 2 行元素和为: 24
```

分析：从本程序中可以看到，访问二维数组使用了二重循环，外层循环的循环变量 i 代表第 i 行元素，内层循环的循环变量 j 代表第 j 列元素。

6.4.4 应用举例

下面利用二维数组来解决自本节开始提出的转置矩阵的行列等问题。

【例 6.7】 输入一个 2 行 3 列的整型数组，将第 1 列和第 2 列元素对调并输出。

解题思路：

(1) 二维数组共有 6 个元素，存放在连续的 6 个存储空间中。对调后仍然是 6 个元素，只是存放位置发生了改变。

(2) 对调时需要发生值的交换，为了不覆盖原值，应设置中间变量。

程序代码：

```
#include <stdio.h>
void main()
{
    int a[2][3], i, j, t;
    printf("请输入数组元素:\n");
    for(i=0; i<2; i++)
```

```
            for(j=0; j<3; j++)
                scanf("%d", &a[i][j]);
        printf("您输入的数组元素为:\n");
        for(i=0; i<2; i++)
            printf("%d\t%d\t%d\n", a[i][0], a[i][1], a[i][2]);
        for(i=0; i<2; i++)
        {
            t=a[i][1]; a[i][1]=a[i][2]; a[i][2]=t;
        }
        printf("对调后的结果为:\n");
        for(i=0; i<2; i++)
            printf("%d, %d, %d\n", a[i][0], a[i][1], a[i][2]);
    }
```

运行结果:

请输入数组元素:

1 2 3 4 5 6

您输入的数组元素为:

1　　　2　　　3

4　　　5　　　6

对调后的结果为:

1　　　3　　　2

4　　　6　　　5

分析:在数组中,行列的下标值是从 0 开始计算的,所以应该注意本题中所交换的列是后两列。对调时发生了值的交换,应设置中间变量。中间变量类型与数组元素类型一致即可,不需要设置为数组。

【例 6.8】 输入 5 名学生的学号和 3 门课程的考试成绩,计算个人平均分。

解题思路:

(1) 设 M 为学生人数,N 为课程门数,一维数组 no 存放 M 名学生的学号,二维数组 x 存放 M 名学生 N 门课程的考试成绩,数组 v 存放个人平均成绩。第 i 名学生的学号、三门考试成绩和平均成绩分别用 no[i]、x[i][0]、x[i][1]、x[i][2]、v[i]表示。

(2) 输入数据时,学号与成绩应该同步输入。

(3) 个人平均分应该在内层循环外、外层循环内处理。每名学生的和值在计算前应置为 0。

程序代码:

```
#define M 5
#define N 3
#include <stdio.h>
void main()
{
```

```
int i, j, no[M], x[M][N];
float s, v[M];
printf("输入 %d 名学生 %d 门课程考试成绩\n", M, N);
for(i=0; i<M; i++)
{
    printf("输入第 %d 名学生的学号：", i+1);
    scanf("%d", &no[i]);
    s=0;
    for(j=0; j<N; j++)
    {
        printf("输入第 %d 门课成绩：", j+1);
        scanf("%d", &x[i][j]);
        s=s+x[i][j];        /* 计算第 i 名学生成绩之和 */
    }
    v[i]=s/N;        /* 第 i 名学生计算平均成绩 */
}
for(i=0; i<M; i++)
{
    printf("第 %d 名学生：\n 学号=%d\t", i+1, no[i]);
    for(j=0;j<N;j++)
        printf("成绩%d=%d\t", j+1, x[i][j]);
    printf("平均成绩=%f\n", v[i]);
}
}
```

运行结果：

输入 5 名学生 3 门课程考试成绩。

　　输入第　1　　名学生的学号：3<Enter>

　　输入第　1　　门课成绩：78<Enter>

　　输入第　2　　门课成绩：80<Enter>

　　输入第　3　　门课成绩：85<Enter>

　　输入第　2　　名学生的学号：5<Enter>

　　输入第　1　　门课成绩：76<Enter>

　　输入第　2　　门课成绩：86<Enter>

　　输入第　3　　门课成绩：84<Enter>

　　输入第　3　　名学生的学号：7<Enter>

　　输入第　1　　门课成绩：90<Enter>

　　输入第　2　　门课成绩：88<Enter>

输入第　3　　门课成绩：83<Enter>

输入第　4　　名学生的学号：9<Enter>

输入第　1　　门课成绩：60<Enter>

输入第　2　　门课成绩：70<Enter>

输入第　3　　门课成绩：83<Enter>

输入第　5　名学生的学号：2<Enter>

输入第　1　　门课成绩：70<Enter>

输入第　2　　门课成绩：80<Enter>

输入第　3　　门课成绩：66<Enter>

第 1 名学生：

学号=3　　成绩 1=78 成绩 2=80 成绩 3=85　　　平均分=81.000000

第 2 名学生：

学号=5　　成绩 1=76 成绩 2=86 成绩 3=84　　　平均分=82.000000

第 3 名学生：

学号=7　　成绩 1=90 成绩 2=88 成绩 3=83　　　平均分=87.000000

第 4 名学生：

学号=9　　成绩 1=60 成绩 2=70 成绩 3=83　　　平均分=71.000000

第 5 名学生：

学号=2　　成绩 1=70 成绩 2=80 成绩 3=66　　　平均分=72.000000

分析：在该程序的处理过程中，应该注意循环体的设置范围，即注意和值、初值所放位置的问题；还应该注意学号与成绩对应的问题。

【例 6.9】 编写程序，打印以下杨辉三角形的前 10 行。

```
1
1   1
1   2   1
1   3   3   1
1   4   6   4   1
1   5   10  10  5   1
1   6   15  20  15  6   1
1   7   21  35  35  21  7   1
1   8   28  56  70  56  28  8   1
1   9   36  84  126 126 84  36  9   1
```

解题思路：

(1) 杨辉三角形的值存放在一个二维数组的下三角中。

(2) 第 0 列和对角线上的元素值为 1。

(3) 其它元素的值均为上一行同列和上一行前一列的元素之和：

a[i][j] = a[i-1][j-1]+a[i-1][j]

程序代码:

```
#define N 10
#include <stdio.h>
void main()
{
    int a[N][N],i,j;
    for(i=0;i<N;i++)
    {
        a[i][0]=1;    /*第 0 列元素等于 1 */
        a[i][i]=1;    /*对角线元素等于 1 */
    }
    for(i=2; i<N; i++)
        for(j=1; j<i; j++)
            a[i][j] = a[i-1][j-1]+a[i-1][j];
    for(i=0; i<N; i++)
    {
        for(j=0;j<=i;j++)
            printf("%5d", a[i][j]);
        printf("\n");
    }
}
```

运行结果:

```
    1
    1    1
    1    2    1
    1    3    3    1
    1    4    6    4    1
    1    5   10   10    5    1
    1    6   15   20   15    6    1
    1    7   21   35   35   21    7    1
    1    8   28   56   70   56   28    8    1
    1    9   36   84  126  126   84   36    9    1
```

注: 若要输出杨辉三角形的前五行,只需更改预定义语句即可。

6.5 字 符 串

    C 语言中的文字数据有两种:一种是单个的字符,一种是字符串。由前面的内容可知,单个的字符可以用字符变量来存放。C 语言中没有字符串数据类型,对字符串数据的存放是通过字符数组来实现的。

6.5.1　字符数组的一般操作方法

字符数组是数据类型为 char 的数组，它存放的是字符型数据。一维字符数组的一般定义形式为

　　　　char 数组名[常量表达式];

其中，常量表达式的值规定了数组可以存放的字符的个数(数组元素的个数)。一个一维字符数组通常存放一个字符串，如一名学生的姓名或家庭住址等。如果要存放 5 名学生的姓名，应该使用二维数组，例如：

　　　　char name[5][10];

name 是一个 5 行 10 列的字符型数组，每行存放一名学生的姓名(姓名不超过 10 个字符)。在定义字符型数组的同时允许对数组元素赋初值，称为数据的初始化。最容易理解的方式是逐个字符地赋值给数组中的各元素，例如：

　　　　char c[10] = {'I', '', 'a', 'm', '', 'h', 'a', 'p', 'p', 'y'};

　　　　char name[3][6] = {{'a', 'a', 'a', 'a', ' ', ' '}, {'b', 'b', 'b', 'b', 'b', 'b'}, {'c', 'c', 'c', 'c', 'c', ' '}}

特殊情况说明：

(1) 如果在定义字符数组时不进行初始化，则数组中各元素的值是不可预料的。

(2) 如果花括弧中提供的初值个数(即字符个数)大于数组长度，则按语法错误处理。

(3) 如果初值个数小于数组长度，则只将这些字符赋值给数组中前面那些元素，其余的元素自动定义为空字符(即 '\0')。例如：

　　　　char c[10] = {'c', ' ', 'p', 'r', 'o', 'g', 'r', 'a', 'm'};

(4) 如果提供的初值个数与预定的数组长度相同，在定义时可以省略数组长度，系统会自动根据初值个数确定数组长度。例如：

　　　　char c[] = {'I', ' ', 'a', 'm', ' ', 'h', 'a', 'p', 'p', 'y'};

其中，数组 c 的长度自动定义为 10。

一维字符数组初始化的另一种方式是以字符串的形式进行初始化，即将整个字符串直接赋值给数组。例如：

　　　　char c1[] = {'h', 'e', 'l', 'l', 'o'};

可以以字符串的形式赋值如下：

　　　　char c2[6] = "hello";

或者

　　　　char c2[6] = {"hello"};

需要注意的是，以逐个字符的形式进行初始化的数组 c1 的长度是 5，而数组 c2 的长度却是 6。这是由字符串常数的存储格式决定的，字符串总是以 '\0' 作为串的结束符。当把一个字符串存入一个数组时，编译系统会自动把结束符 '\0' 存入数组，并以此作为该字符串是否结束的标志。c2 数组的字符串存放形式如图 6-4 所示。

h	e	l	l	o	\0

图 6-4　字符串存放形式

字符型数组的输入、输出与整型数组的操作是一致的，都可以通过循环、赋值等方式完成输入，通过输出语句完成输出。

【例 6.9】 输入 ASCII 码，查找并输出其对应的大写英文字母。

解题思路：判断所输入数值是否在大写字母的 ASCII 码范围内。

程序代码：

```
#include <stdio.h>
void main()
{
    char letter[]="ABCDEFGHIJKLMNOPQRSTUVWXYZ";
    int asc;
    printf("请输入字母的十进制 ASCII 编码:");
    scanf("%d",&asc);
    if(asc>='A'&&asc<='Z')
        printf("%c\n",asc);
    else
        printf("该编码不表示大写字母");
}
```

运行结果：

请输入字母的十进制 ASCII 编码:70

F

C 语言提供了格式说明符%s，可以不借助循环进行整串的输入和输出操作。

【例 6.10】 使用%s 格式控制符输入/输出字符串。

解题思路：

(1) 利用格式控制符%s 完成对字符串的输入，字符数组以字符串的形式输出。

(2) 注意'\0'的含义。

程序代码：

```
#include <string.h>
#include <stdio.h>
void main()
{
    char a[9], b[9] = {'a', 'b', 'c', 'd', 'e', 'f', 'g', '\0', 'e'}, c[9] = "asdfg";
    scanf("%s", a);
    printf("a=%s\n", a);
    printf("b=%s\n", b);
    printf("c=%s\n", c);
}
```

运行结果：

输入数据：

12345<Enter>

输出结果：

　　　　a=12345 b=abcdefg c=asdfg

　　分析：使用 %s 格式符时，输入的字符串中不能含有空格符，如果输入字符串中含有"\n"、"\0"、"\t"等字符，则不按转义字符处理。以数组名作为函数参数时，函数接收的是数组的首地址，"printf("b=%s\n", b);"语句可以改成"printf("b=%s\n", &b[0]);"。如果写成下面的形式：

　　　　printf("%s\n", &b[2]);

程序将从第 3 个字符 c 开始输出数组 b 中的字符串。

　　若 a 为字符型数组名，b 为整型变量，则输入函数：

　　　　scanf("%s, %d", a, &b);

无法输入 b 的值，可以改成下面的形式：

　　　　scanf("%s%d", a, &b);

　　输入数据时可用空格来间隔两个数据。在输入字符串的时候，也可以使用专门的字符串输入/输出函数 gets()和 puts()来完成。

6.5.2　字符串处理函数

　　各 C 语言系统都提供了许多字符串处理函数，下面是最常用的函数。在使用这些函数时，必须包含头文件名 string.h。

　　1. 字符串输入/输出函数 gets()和 puts()

　　gets()函数的调用形式为

　　　　gets(s)

　　puts()函数的调用形式为

　　　　puts(s)

　　gets()函数是专门用于接收从键盘输入字符串的函数，接收的字符串中可以包含空格，遇换行符时则停止。系统中自动将换行符用'\0'代替。数组名字为待输入、输出字符串的起始地址。

　　2. 求字符串长度函数 strlen()

　　strlen() 函数的调用形式为

　　　　strlen(s)

　　该函数用于返回字符串 s 的长度。字符串结束标志'\0'不计算在长度之内。例如：

　　　　len=strlen("string");

执行后，变量 len 会被赋值 6。

　　3. 字符串复制函数 strcpy()

　　strcpy()函数调用形式为

　　　　strcpy(s1,s2)

　　该函数的功能是将 s2 字符串内容复制(覆盖)到 s1 中。例如：

　　　　char c[10];

```
strcpy(c, "hello");
```

执行后，c 中将存放 "hello" 字符串。

使用该函数时，s1 不能为字符串常量，且应具有足够的存储单元。C 语言中，字符串不能使用赋值运算符，如 s1=s2 是错误的。

4. 字符串连接函数 strcat()

strcat()函数的调用形式为

```
strcat(s1,s2)
```

该函数用于将 s2 字符串连接到 s1 字符串的后面，并自动删除原来 s1 字符串的结束标志。例如：

```
char s1[] = "hello", s2[] = "C";
strcat(s1, s2);
```

执行后，字符串 s1 的内容是 "helloC"。

s1 必须为字符串数组名，并定义足够的长度；s2 可以是字符串常数或字符数组名。

5. 字符串比较函数 strcmp()

strcmp()函数的调用形式为

```
strcmp(s1, s2)
```

该函数用于比较 s1 和 s2 两个字符串的大小。若 s1 大于 s2，函数值为正数；若 s1 小于 s2，函数值为负数；若 s1 等于 s2，函数值等于零。字符串不能直接进行关系运算、赋值运算。

【例 6.11】　字符串函数应用举例。

解题思路：综合应用字符串函数。

程序代码：

```
#include <stdio.h>
#include <string.h>
void main()
{
    char str1[100], str2[100];
    puts("请输入字符串  1:");
    gets(str1);
    puts("请输入字符串  2:");
    gets(str2);
    puts("字符串  1:");
    puts(str1);
    printf("字符串  1  的长度为%d\n", strlen(str1));
    puts("字符串  2:");
    puts(str2);
    printf("字符串  2  的长度为%d\n", strlen(str2));
    strcat(str1, str2);
```

```
        puts("两字符串连接为:");
        puts(str1);
    }
```

运行结果：

　　请输入字符串 1:

　　I love China!

　　请输入字符串 2: Hello World!

　　字符串 1:

　　I love China!

　　字符串 1 的长度为 13

　　字符串 2:

　　Hello World!

　　字符串 2 的长度为 12

　　两字符串连接为:

　　I love China!Hello World!

【例 6.12】　不使用字符处理函数，将字符数组 a 中的字符串复制到字符数组 b 中。

解题思路：

(1) 依次取出 a 中的每个字符判断，如果不是 '\0' 的字符，依次存入 b 中，最后在 b 的末尾加上字符串结束标志。

(2) 定义两个变量，分别用作两个数组的元素下标。

程序代码：

```c
#include <stdio.h>
void main( )
{
    int i=0,j;
    char    a[100],b[100];
    printf("\n Please input a string for a=");
    gets(a);
    while(a[i]!='\0')
    {
        b[i]=a[i];
        i++;
    }
    b[i]='\0';
    printf("\n a=%s \n b=%s",a,b);
}
```

运行结果：

　　Please input a string for a=

　　zxcvbnm<Enter> a=zxcvbnm b=zxcvbnm

通过本例，进一步理解字符串各种操作。

本 章 小 结

本章主要介绍了以下内容：

(1) 数组是程序设计中最常用的数据结构。数组可分为数值数组(整数组，实数组)、字符数组以及后面将要介绍的指针数组、结构数组等。

(2) 数组可以是一维的、二维的或多维的。

(3) 数组类型说明由类型说明符、数组名、数组长度(数组元素个数)三部分组成。数组元素又称为下标变量。数组的类型是指下标变量取值的类型。

(4) 对数组的赋值可以用数组初始化赋值、输入函数动态赋值和赋值语句赋值三种方法实现。对数值数组不能用赋值语句整体赋值、输入或输出，而必须用循环语句逐个对数组元素进行操作。

实 训

本章主要介绍了以下内容：

1. 找出三位数中三位数字相同的所有整数，先把它放到 s 数组，然后输出数组值。

```
#include <stdio.h>
void main()
{
    int i,j=0;
    int a,b,c,s[20];
    for(i=100;i<1000;i++)
    {
        a=i/100; b=i/10%10; c=i%10;
        if(____)
        {
            s[j]=_____;
            _____;
        }
    }
    for(i=0; i<9; i++)
    printf("%d", s[i]);
}
```

2. 输入 6 个数，用选择法由大至小排序并输出。

```
#include <stdio.h>
#define N 6
```

```c
void main()
{
    int a[N]={2,4,6,5,9,8},i,j,t;
    for(i=0; ___; i++)
        for(j=i+1; ___; j++)
            if(a[i]<a[j])
            {
                t=a[i]; a[i]=a[j]; a[j]=t;
            }
    for(i=0;i<=N-1;i++)
        printf("%d\n", a[i]);
}
```

3. 输入 M 行 M 列整数方阵数据，求两对象线上各元素之和。

```c
#define M 3
#include <stdio.h>
void main()
{
    int ss[M][M], i, j, sum=0;
    for(i=0; i<M; i++)
        for(j=0; j<M; j++)
            scanf("%d", _____);
    for(i=0; i<M; i++)
        sum=_____;
    if(M%2==0)
        printf("%d\n", sum);
    else
        printf("%d\n", ____);
}
```

4. 输入一个长度小于 80 的字符串，统计其中字母的个数。

```c
#include <stdio.h>
void main()
{
    char a[80];
    int geshu=0, i;
    printf("\n Please input a string for a=");
    scanf("%s", ____);
    for(i=0; i<80; i++)
        if(____)
            geshu++;
```

```
        printf("\n the zimu of string is %d", geshu);
    }
```

5. 写出下面程序的运行结果。

```
    #include <stdio.h>
    #include <string.h>
    void main()
    {
        char a[]={'A', ' ', 'B', 'o', 'y', '\0'};
        int i, j;
        i=sizeof(a);
        j=strlen(a);
        printf("%d, %d\n", i, j);
    }
```

第 7 章 指 针

指针是 C 语言中广泛使用的一种数据类型。运用指针编程是 C 语言最主要的风格之一。用指针变量可以表示各种数据结构，能很方便地使用数组和字符串，并能像汇编语言一样处理内存地址，从而编写出精练而高效的程序。指针极大地丰富了 C 语言的功能。学习指针是 C 语言学习中最重要的一环，能否正确理解和使用指针是我们是否掌握 C 语言的一个标志。同时，指针也是 C 语言中最为困难的一部分，在学习中除了要正确理解基本概念外，还必须多编程，多上机调试。

7.1 指针的类型说明

对指针变量的类型说明包括以下三方面内容：

(1) 指针类型说明，即定义变量为一个指针变量；

(2) 指针变量名；

(3) 变量值(指针)所指向的变量的数据类型。

指针变量一般的语法形式为

    类型说明符 *变量名;

其中，*表示这是一个指针变量，变量名即为定义的指针变量名，类型说明符表示本指针变量所指向的变量的数据类型。

例如：

    int*p1;

表示 p1 是一个指针变量，它的值是某个整型变量的地址。或者说 p1 指向一个整型变量。至于 p1 究竟指向哪一个整型变量，应由向 p1 赋予的地址来决定。

再如：

    static int *p2;   /*p2 是指向静态整型变量的指针变量*/

    float *p3;   /*p3 是指向浮点型变量的指针变量*/

    char *p4;   /*p4 是指向字符型变量的指针变量*/

应该注意的是，一个指针变量只能指向同类型的变量，如 p3 只能指向浮点型变量，不能时而指向一个浮点型变量，时而又指向一个字符型变量。

7.2 指针变量的赋值

指针即一个变量的地址，指针变量即专门存放变量地址的变量。指针变量同普通变量一样，使用之前不仅要定义说明，而且必须赋予具体的值。未经赋值的指针变量不能使用，否则将造成系统混乱，甚至死机。指针变量的赋值只能赋予地址，而决不能赋予任何其它数据，否则将引起错误。在 C 语言中，变量的地址是由编译系统分配的，对用户完全透明，用户不知道变量的具体地址。C 语言中提供了地址运算符 & 来表示变量的地址。其一般的语法形式为

&　变量名

如&a 表示变量 a 的地址，&b 表示变量 b 的地址。变量本身必须预先说明。设有指向整型变量的指针变量 p，如要把整型变量 a 的地址赋予 p，可以有以下两种方式：

(1) 指针变量初始化的方法：

int a;

int *p=&a;

(2) 赋值语句的方法：

int a;

int *p;

p=&a;

不允许把一个数赋予指针变量，故下面的赋值是错误的：

int *p;

p=1000;

被赋值的指针变量前不能再加"*"说明符，如写为 *p=&a 也是错误的。

定义变量后，系统会根据变量的类型为变量在内存中分配若干字节的存储空间，此后这个变量的单元地址也就确定了。有了变量的地址，就可以立即找到该变量所在的存储单元并进行数据的存取操作。

假定 a 是由下列语句定义的整型变量：

int a;

若将 a 的地址存放在另一个变量 p 中，则必须将 p 定义为整型的指针变量，方法为

int *p;

星号"*"为定义指针变量的标志。将 a 的地址保存在指针变量 p 中的方法是由下面的赋值语句来实现的：

p=&a;

其中 a 的地址由取地址运算符&得到。要求指针变量 p 与变量 a 具有相同的类型，以便将来通过 p 间接操作变量 a。存放整型变量地址的指针变量必须定义为整型指针变量，指针类型必须与变量类型一致。

将变量 a 的地址赋给 p 后，称 p 为变量 a 的指针，或者说 p 指向了 a。当指针 p 指向了变量 a 之后，可以通过 p 指针完成对变量 a 的各种操作。*p 表示变量 a 的值，星号"*"也称为取值运算符。

下面通过实例来理解指针变量的定义、取值符号与取地址符号的应用。

【例 7.1】 通过指针变量访问整型变量。

解题思路：指针存放的是某个变量的地址，通过它可以间接完成对所指向变量的存取、

赋值等操作。

程序代码：

```
#include <stdio.h>
void main()
{
    int a, b, *p1;
    a=3;
    p1=&a;
    b=*p1+7;
    printf("%d\n", a);
    printf("%d, %d\n", *p1, b);
}
```

运行结果：

```
3
3,10
```

分析：*p1 在定义的位置出现，表示定义了一个指针变量，指针变量的名字是 p1；在赋值语句中出现 *p1，表示取了所指变量的值。p1 的类型应与所指向变量的类型一致。

& 和 * 均为单目运算符，优先级别仅次于括号和成员运算符，具有右结合性。若 p 为 a 的指针，则 *&a、(*p)和 a 都是等价的。运算符 "&" 的操作数允许是一般变量或指针变量，运算符 "*" 的操作数必须为指针变量或地址型表达式。

【例 7.2】 取地址符号与取值符号互为逆运算。

解题思路：

(1) "*" 出现在非定义语句的位置，代表取值，表示取指针变量所指向变量的值。

(2) "&" 表示取某个变量存放的位置。

程序代码：

```
#include <stdio.h>
void main()
{
    int a=3,*p;
    p=&a;
    printf("%d, %d, %d\n", &a, p, &(*p));
    printf("%d, %d, %d\n", a, *p, *(&a));
}
```

运行结果：

```
1245052, 1245052, 1245052
3, 3, 3
```

分析：&a、p、&(*p)的取值是相同的，表示指针 p 取得了变量 a 的地址。a、*p、*(&a)的取值是相同的，表示指针 p 指向变量 a 的值。

指针变量必须先赋值，再使用。

【例 7.3】 未被赋值的指针变量将产生错误。

解题思路：指针变量与其所指向的变量必须先确定指向。

程序代码：

```
#include <stdio.h>
void main()
{
    int i=10;
    int *p;
    *p=i;
    printf("%d", *p);
}
```

运行结果：

有"应用程序错误"提示。

分析：该程序中指针变量 p 并没有其所指向的变量，即没有完成赋值的过程。

下面利用指针解决比较及排序等相关问题。

【例 7.4】 输入两个数，并使其从大到小输出。

解题思路：

(1) 指针应有所指向的变量。

(2) 排序将影响到指针的指向。

程序代码：

```
#include <stdio.h>
void main()
{
    int *p1, *p2, *p, a, b;
    scanf("%d%d", &a, &b);
    p1=&a;
    p2=&b;
    if(a<b)
    {
        p=p1;    p1=p2;    p2=p;
    }
    printf("a=%d, b=%d\n", a, b);
    printf("max=%d, min=%d\n", *p1, *p2);
}
```

运行结果：

```
a=5, b=9 max=9, min=5
```

分析：该程序的设计体现了指针与变量的关系。

指针变量 p1 和 p2 也可以进行算术运算，如 p1−p2，p1+1，p++，p--。

7.3 数 组 指 针

7.3.1 数组指针的定义

数组元素相当一个普通变量，定义数组元素的指针与定义普通变量指针的方法相同。如：

        int a[10]; int *p; p=&a[0];

将数组元素 a[0]的地址赋给 p，p 已指向数组 a 中 a[0]元素。数组名 a 是数组的首地址，它与&a[0]是同一地址，因此 p = &a[0] 可以写成 p=a。

若有定义：

        int a=3, array[5] = {1, 2, 3, 4, 5}, *p1, *p2;

则如下的赋值运算是正确的：

        p=&a;   (将变量 a 的地址赋给 p)

        p=array;   (将数组 array 的首地址赋给 p)

        p=&array[i];   (将数组元素地址赋给 p)

        p1=p2;   (将指针变量 p2 的值赋给 p1)

不能把一个普通的整型值赋给指针变量 p，也不能把 p 的值赋给整型变量。指针变量与其指向的变量应具有相同数据类型。如：

        p=1000;

        i=p;

这两个语句都是不正确的。

7.3.2 数组指针的运算

数组指针在进行运算时，应注意以下几点：

(1) $p \pm i \Leftrightarrow p \pm i \times d$ (i 为整型数，d 为 p 指向的变量所占字节数)

当 p 指向了数组 a 的首元素后，p+1 表达式的含义是什么呢？p 为指针类型(即地址)，1 为整型常数，它们属于不同的数据类型，不能直接相加。p 是一个内存地址值，与整数 1 进行加运算时，先将 1 转换成地址偏移量(位移量)，这个偏移量的大小与指针 p 的类型有关，前面 p 为整型指针，整型变量在内存中占 2 个字节的存储单元，p+1 的值正好是下一个数组元素 a[1] 的地址，类似地，p+2 等于&a[2]…。如果要按次序对数组各个元素操作，则可使用自增运算符 p++ 完成指针的移动。同理，若当前 p 指向数组元素 a[2](p=&a[2])，则 p−1 等于前一个元素 a[1]的地址&a[1]。

(2) 可以做 p++、p--、p+i、p-i、p+=i、p-=i 等运算。

(3) 若 p1 与 p2 指向同一数组，则 p1−p2=两指针间元素个数$\Leftrightarrow$(p1−p2)/d。

(4) p1+p2 无意义。

【例 7.5】 通过指针的移动输出数组元素。

解题思路：

(1) 指针可以指向数组的首地址，也可以指向其中的某一元素。

(2) 对数组元素进行操作时，不需要定义多个指针，只需要通过指针的移动来指向不同的数组元素。

程序代码：

```
#define N 10
#include <stdio.h>
void main()
{
    int i, n, a[N] = {0, 1, 2, 3, 4, 5, 6, 7, 8, 9},*p;
    p=a;
    for(i=0; i<N; i++, p++)
        printf("a[%d]元素的值: %d=%d\n", i, a[i], *p);
}
```

运行结果：

```
a[0]元素的值: 0=0
a[1]元素的值: 1=1
a[2]元素的值: 2=2
a[3]元素的值: 3=3
a[4]元素的值: 4=4
a[5]元素的值: 5=5
a[6]元素的值: 6=6
a[7]元素的值: 7=7
a[8]元素的值: 8=8
a[9]元素的值: 9=9
```

分析：p++ 可以使指针的指向位移发生改变，*p 可以取得其所指向位置的数组元素值。

【例 7.6】　指针变量的运算。

解题思路：指针位置改变与取值、取址操作先后次序的关系。

程序代码：

```
#include <stdio.h>
void   main()
{
    int   a [] = {5, 8, 7, 6, 2, 7, 3};
    int y, *p=&a[1];
    y=(*--p)++;
    printf("y=%d\n", y);
    printf("%d", a[0]);
}
```

运行结果：

　　　　y=5 a[0]=6

【例 7.7】 指针变量的当前值。

解题思路：指针可以发生移动，会指向不同的元素，指针值与位置有关。

程序代码：

```
#include <stdio.h>
void main()
{
    int i, *p, a[7];
    p=a;
    for(i=0; i<7; i++)
        scanf("%d", p++);
    printf("\n");
    for(i=0; i<7; i++, p++)
        printf("%d", *p);
}
```

运行结果：

输入：

　　1 2 3 4 5 6 7

输出：

　　12450481124512041994011439465643944644

分析：产生此结果的原因是，程序执行完第一组 for 循环后，指针已指到了数组后的内存单元，所以取得的是一个随机数。如果要利用指针输出此数组元素，需将指针重新指回数组首元素。

指针也可以进行关系运算：

(1) 若 p1 和 p2 指向同一数组，则

　　p1<p2　　　　　　　　表示 p1 所指的元素在前

　　p1>p2　　　　　　　　表示 p1 所指的元素在后

　　p1==p2　　　　　　　 表示 p1 与 p2 指向同一元素

(2) 若 p1 与 p2 不指向同一数组，则比较无意义。

指针对数组元素的引用借助于指针的运算，因此可以利用指针完成对数组元素的引用。

【例 7.8】 输入 10 名学生的成绩，计算平均分，并输出高于平均分的成绩。(利用指针完成数组元素的操作)

解题思路：

(1) 利用循环完成对数据的输入。

(2) 利用指针变量完成对数据的寻址。

程序代码：

```
#include <stdio.h>
void main()
```

```
        {
            int a[10],*p,i,sum=0;
            float v;
            p=a;
            for(i=0;i<10;i++)
            scanf("%d",p+i);
            for(i=0;i<10;i++)
                sum+=*(p+i);
            v=sum/10.0;
            for(i=0;i<10;i++)
                if(*(p+i)>v)
                    printf("%d\n",*(p+i));
        }
```

运行结果:

输入:

10 20 30 40 50 60 70 80 90 100<Enter>

输出:

60

70

80

90

100

针对数组元素地址的不同表示形式, 数组元素的引用形式可以归纳如表 7-1 所示, 假定具有如下定义:

int a[10],*p;

表 7-1 一维数组元素取值方式

方 法	a[0]地址	a[1]地址	a[i]地址
通过数组元素名	a[0]	a[1]	a[i]
通过数组名 a	*a	*(a+1)	・*(a+i)
通过指针变量 p	*p	*(p+1)	*(p+i)
下标法	p[0]	p[1]	p[i]

由以上内容可知, 一维数组 a[] 与指向它的指针存在如下关系:

(1) 数组名 a 表示数组的首地址, 即 a[0] 的地址。

(2) 数组名 a 是地址常量。

(3) a+i 是元素 a[i] 的地址。

(4) 若 "int *p=a;", 则 a[i]⇔*(a+i) 指向一维数组的指针可以称为元素指针, 也可以理解为列指针, 它直接指向数组中的某一个元素。使用指针控制一维数组的操作是比较容易理解的, 使用指针控制二维数组的操作要复杂一些。

7.3.3　二维数组的指针

1. 二维数组元素的地址

例如：

　　int a[3][4]

与一维数组名一样，二维数组名 a 也是数组的首地址。但是二者不同的是，二维数组名的基类型不是数组元素类型，而是一维数组类型，因此二维数组名 a 是一个行指针，其指向如图 7-1 所示。

a　a[0] →	a[0][0]	a[0][1]	a[0][2]	a[0][3]
a+1 a[1] →	a[1][0]	a[1][1]	a[1][2]	a[1][3]
a+2 a[2] →	a[2][0]	a[2][1]	a[2][2]	a[2][3]

图 7-1　二维数组地址示意

此例中，二维数组 a 包含三行元素：a[0]、a[1]和 a[2]，而它们又都是一维数组名，因此也是地址常量，但是它们的类型与数组元素类型一致。

第 0 行首地址为 a[0]，第 1 行首地址为 a[1]，第 2 行首地址为 a[2]，所以 a[0]+1 就是数组元素 a[0][1]的地址，a[1]+1 是数组元素 a[1][1]的地址，任意的数组元素 a[i][j]的地址是 a[i]+j。

二维数组元素的地址表示形式较多，每种地址形式都有对应的数组元素引用方法。例如：数组元素地址&a[i][j]、a[i]+j、*(a+i)+j 对应的数组元素引用分别为 a[i][j]、*(a[i]+j)、*(*(a+i)+j)。

2. 指向二维数组元素的指针变量(列指针)

二维数组是由若干行、若干列组成的，二维数组在内存中按行顺序存放。一个数组元素与一个简单变量相当，因此在数组中将一般简单变量的指针称作元素的指针。当元素指针 p 指向某一个数组元素时，p+1 将指向的下一个元素刚好是同行的下一列元素，因此在对二维数组操作时经常将元素指针称作列指针(下一个元素就是下一列的元素)。用列指针操作二维数组不难理解，只要知道二维数组中数组元素在内存中的存放顺序即可。

【例 7.9】　用指向数组元素的指针访问二维数组。

解题思路：用列指针控制二维数组中各个元素，逐个输出所有元素。

程序代码：

```c
#include <stdio.h>

void main()
{
```

```
int i, a[2][3]={{1, 3, 5}, {2, 4, 6}}, *p;
for(p=a[0]; p<a[0]+6; p++)
{
    if((p-a[0])%3==0)
    printf("\n");
    printf("%2d", *p);
}
printf("\n");
}
```

运行结果：

　　1 3 5

　　2 4 6

分析：a[0]是数组的第一个元素的地址，且基类型与指针 p 的基类型一致。所以用 p=a[0] 使指针 p 指向数组的第一个元素，还可以用 p=&a[0][0] 代替。

3. 指向二维数组的行指针变量(行指针)

行指针 p 是用来存放行地址的变量。当 p 指向二维数组 a 中的数组元素 a[i][j] 时，p+1 将指向同列的下一行元素 a[i+1][j]。因为在内存中数组元素 a[i][j] 和 a[i+1][j] 并不相邻，a[i+1][j] 不是 a[i][j] 的下一个元素，所以行指针不能按前面一般指针变量的方法定义。

行指针定义时必须说明数组每行元素的个数。其一般的定义形式为

　　　数据类型名　(*指针变量名)[数组长度];

例如，定义一个指向每行 3 个整型元素的行指针：

```
int (*p)[3];
```

其中，p 是一个指针变量，它的基本型是一个包含 3 个整型元素的一维数组，因此指针变量 p 可以指向一个有 3 个元素的一维数组。

可进一步理解为，行指针是指向列指针的指针变量，列指针为一级指针，行指针为二级指针。通过行指针确定数组元素所在的行首地址，通过列指针最后确定数组元素所在的列地址。

【例 7.10】 用行指针方法输出二维数组元素。

解题思路：利用行指针，把二维数组的每一行看成一个一维数组。

程序代码：

```
#include <stdio.h>
void main()
{
    int a [2][3]={1, 2, 3, 4, 5, 6};
    int (*p)[3], i;
    for(p=a; p<a+2; p++)
    {
        for (i=0; i<3; i++)
```

```
            printf("%2d", *(*p+i));
        printf("\n");
    }
}
```

运行结果：

1 2 3

4 5 6

分析：此例中把数组 a 看成一维数组，它的元素有 a[0]、a[1]、a[2]。由于指针 p 与数组名 a 表示的地址常量基类型相同，所以可以用"p=a;"，使指针 p 指向数组 a 的第一个元素 a[0]，*p 为 a[0]的值，即为二维数组中第 0 行的首地址。

*(*p+1)表示二维数组元素 a[0][1]。类似的还可以用以下的方法利用行指针来表示二维数组元素 a[i][j]：

    ((p+i)+j)   *(a[i]+j)   *(*(a+i)+j)

【例 7.11】 二维数组元素的不同表示方式。

解题思路：指针发生的位移存在行方向与列方向的区分。

程序代码：

```
#include <stdio.h>
void main()
{
    int a[2][3] = {{1, 3, 5}, {2, 4, 6}}, (*p)[3], i=1, j=2;
    p=a;
    printf("%d, %d, %d\n", a[i][j], *(a[i]+j), *(*(p+i)+j));
}
```

运行结果：

6, 6, 6

分析：因为 a[i] 相当于一维数组首地址(列指针)，a[i]+j 就是 a[i][j] 元素的地址，*(a[i]+j)就是元素 a[i][j] 的值。同样道理，p+i 是指向第 i 行首地址的行指针，*(p+i)是指向第 i 行首地址的列指针，*(p+i)+j 就是元素 a[i][j] 的地址，*(*(p+i)+j)就是元素 a[i][j]的值。

7.4 指 针 数 组

指针数组是由指针组成的数组，也就是说，数组中的每个元素都是相同数据类型的指针变量。指针数组的声明方式和普通数组相似：

    数据类型说明符 *数组名[常量表达式];

例如：

    int *p[2];

其中，数组 p 是一个包含 2 个元素的一维数组，它的每个元素都是基类型为 int 的指针，所以称数组 p 为指针数组。p[i] 和 a[i] 的基类型相同，因此赋值语句"p[i]=a[i];"是合法的，数组 p 的两个元素 p[0] 和 p[1] 分别指向数组 a 每行的开头。

注意：不要将指针数组的定义与行指针变量的定义混淆，由于在解释变量说明语句中的变量类型时，说明符[]的优先级高于*，所以当"*指针变量名"用括号括起来时，定义的是行指针变量；如果不加括号，则定义的是指针数组。

7.5 字符串指针

字符数组通常用来存放字符串，上一节的指针数组的用法同样适合于字符串的处理。字符串指针可以替代字符数组，其使用方法非常灵活和方便。

【例 7.12】 通过指针引用字符串。

解题思路：指针可以指向字符数组中的任何一个元素。通过指针的位移，可以取得其指向的元素。

程序代码：

```
#include <stdio.h>
void main()
{
    char s[] = "I love China!", *p;
    p = s;
    printf("%s\n", p);
    p += 7;
    printf("%s\n", p);
}
```

运行结果：

I love China! China!

分析：指针先指向字符串首部，从此位置开始输出，遇到字符串结束标志 '\0' 结束。执行"p+=7;"语句后，指针向后移动了 7 位，从串中第 8 个字符开始输出，遇到字符串结束标志 '\0' 结束。

C 语言中，字符串在内存中的存储方式与字符数组的存储方式是一致的，自动分配一个首地址，并在字符串尾部添加字符串结束标志。用字符串常数为指针变量赋值，是将字符串的首地址赋给指针变量。不能将字符串常数赋给字符数组名，因为数组名为常量，不能被赋值。

7.6 动态存储分配

在此之前，程序中所用的变量都必须先定义后使用，在程序运行之前分配存储空间，而且空间大小是固定不变的，这种内存空间分配方式称为静态存储分配。C 语言中的另一种内存空间分配方式为动态存储分配。在程序运行中，只要有闲置的内存空间，就可以临时"申请"使用，用完后再"释放"。动态存储分配的实现可以由系统提供的库函数来完成，本节主要介绍 malloc、free 和 calloc 三个函数的用法，使用这三个函数时必须在程序开头包含头文件 stdio.h。

malloc 函数的调用形式为

malloc(size)

其中，size 的类型为无符号整型。

malloc 函数的功能是分配 size 字节的内存，成功时返回一个指针，指向所分配内存的起始地址，如果不成功则返回 NULL(0)。ANSI C 新标准提供的 malloc 函数规定返回值类型为 void*，在使用时需要进行类型转换。

free 函数的调用形式为

free(pt)

其中，pt 为指针类型，该函数没有返回值。

free 函数的功能是释放 pt 所指的内存空间。

【例 7.13】　动态数组。

程序代码：

```
#include <stdlib.h>
#include <stdio.h>
void main()
{
    int i,n;
    int *p,*p0;
    scanf("%d", &n);
    p0=(int*)malloc(n*sizeof(int));
    for(p=p0, i=0; i<n; i++)
        scanf("%d", p++);
    for(p=p0, i=0; i<n; i++)
        printf("%d\n", *p++);
    free(p0);
}
```

运行结果：

输入：

5 13 24 35 46 78

输出：

13

24

35

46

78

calloc 函数的功能与 malloc 函数类似，用来给 n 个同类型的数据项分配连续的存储空间，其调用形式为

```
calloc(n, size)
```

其中，n 和 size 类型为无符号整型。

例 7.13 中的语句

```
p0 = (int*)malloc(n*sizeof(int));
```

用 calloc 函数实现如下：

```
p0 = (int*)calloc(n, sizeof(int));
```

7.7　应 用 举 例

【例 7.14】　利用指针实现把数组中的偶数存入另一个数组中。

解题思路：

(1) 分别用两个指针指向两个数组。

(2) 利用指针移动逐个取出第一个数组中的每个元素，进行判断，符合条件的存入另一个数组中。

程序代码：

```
#include <stdio.h>
void main()
{
    int a[10], b[10], *p, *q, i;
    for(i=0; i<10; i++)
        scanf("%d", &a[i]);
    q=b;
    for(p=a; p<a+10; p++)
        if(*p%2==0)
        {
            *q=*p;
            q++;
        }
    for(i=0; i<q-b; i++)
        printf("%d\t", b[i]);
    printf("\n");
}
```

运行结果：

```
5 13 24 35 46 78 85 88 76 31<Enter>
24    46    78    88    76
```

【例 7.15】将字符串 a 的字符按顺序存放在 b 串中，再把 a 中的字符按逆序连接到 b 串的后面。

解题思路：利用指针移动逐个取出第一个数组中的每个元素并存入，再利用指针从 a

串中的最后一个字符取值放入 b 串中。

程序代码：

```
#include <string.h>
#include <stdio.h>
void main()
{
    char a[10], b[10], *p, *q;
    printf("请输入 a 串的内容：\n");
    gets(a);
    for(p=a, q=b; *p!= '\0'; p++, q++)
        *q=*p;
    for(p--; p>=a; p--, q++)
        *q=*p;
    *q='\0';
    puts(b);
}
```

运行结果：

输入：

　　asdf

输出：

　　asdffdsa

本 章 小 结

本章主要介绍了以下内容：

1. 指针是 C 语言中一个重要的组成部分，使用指针编程有以下优点：

(1) 可提高程序的编译效率和执行速度。

(2) 通过指针可使主调函数和被调函数之间共享变量或数据结构，便于实现双向数据通信。

(3) 可以实现动态的存储分配。

(4) 便于表示各种数据结构，编写高质量的程序。

2. 指针的运算如下：

(1) 取地址运算符 &：求变量的地址。

(2) 取内容运算符 *：表示指针所指的变量。

(3) 赋值运算：

① 把变量地址赋予指针变量。

② 同类型指针变量相互赋值。

③ 把数组、字符串的首地址赋予指针变量。

④ 把函数入口地址赋予指针变量。

(4) 加、减运算：对指向数组、字符串的指针变量可以进行加、减运算，如 p+n、p-n、p++、p-- 等。指向同一数组的两个指针变量可以进行相减运算。对指向其它类型的指针变量作加、减运算是无意义的。

(5) 关系运算：指向同一数组的两个指针变量之间可以进行大于、小于、等于的比较运算。指针可与 0 比较，p==0 表示 p 为空指针。

3. 与指针有关的各种说明和意义如下：

int *p;	p 为指向整型量的指针变量
int *p[n];	p 为指针数组，由 n 个指向整型量的指针元素组成
int (*p)[n];	p 为指向整型二维数组的指针变量，二维数组的列数为 n
int *p();	p 为返回指针值的函数，该指针指向整型量
int (*p)();	p 为指向函数的指针，该函数返回整型量
int **p;	p 为一个指向另一指针的指针变量，该指针指向一个整型量

4. 有关指针的说明很多是由指针、数组、函数说明组合而成的，但并不是可以任意组合，例如数组不能由函数组成，即数组元素不能是一个函数；函数也不能返回一个数组或返回另一个函数，例如"int a[5]();"就是错误的。

5. 关于括号：在解释组合说明符时，标识符右边的方括号和圆括号优先于标识符左边的"*"号，而方括号和圆括号以相同的优先级从左到右结合。可以用圆括号改变约定的结合顺序。

6. 阅读组合说明符的规则是"从里向外"。从标识符开始，先看它右边有无方括号或圆括号，如有则先作出解释，再看左边有无 * 号。如果在任何时候遇到了圆括号，则在继续之前必须用相同的规则处理括号内的内容。例如：

int*(*(*a)())[10]

其中，标识符 a 被说明为一个指针变量，它指向一个函数，并返回一个指针，该指针指向一个有 10 个元素的数组，其类型为指针型，它指向 int 型数据。因此 a 是一个函数指针变量，该函数返回的一个指针值又指向一个指针数组，该指针数组的元素指向整型量。

实　训

1. 运行下面的程序，写出结果，并分析数组元素与指针变量之间的关系。

```
#include <stdio.h>
void main()
{
    int a[]={1, 2, 3}, *p, i;
    p=a;
    for(i=0; i<3; i++)
        printf("\n %d %d %d %d", a[i], p[i], *(p+i), *(a+i));
}
```

2. 运行下面的程序，写出结果，并分析数组元素与指针变量之间的关系。

```
#include <stdio.h>
void main()
{
    int i, x[3][3]={9, 8, 7, 6, 5, 4, 3, 2, 1}, *p = &x[1][1];
    for(i=0; i<4; i+=2)
    printf("%d", p[i]);
}
```

3. 运行下面的程序，写出结果，并分析其所完成的功能。

```
#include <stdio.h>
void main()
{
    char *s="ab5ca2cd34ef", *p;
    int i, j, a[]={0, 0, 0, 0};
    for(p=s; *p!='\0'; p++)
    {
        j=*p-'a';
        if(j>=0&&j<=3)
            a[j]++;
    }
    for(i=0; i<4; i++)
            printf("%d\t", a[i]);
}
```

第 8 章 函　　数

在第 1 章中已经介绍过，C 源程序是由函数组成的。虽然在前面各章的程序中都只有一个主函数 main()，但实用程序往往由多个函数组成。函数是 C 源程序的基本模块，通过对函数模块的调用可实现特定的功能。C 语言中的函数相当于其它高级语言的子程序。C 语言不仅提供了极为丰富的库函数，还允许用户自己定义函数。用户可把自己的算法编成一个个相对独立的函数模块，然后用调用的方法来使用函数。

可以说，C 程序的全部工作都是由各式各样的函数完成的，所以 C 语言也被称为函数式语言。由于采用了函数模块式的结构，C 语言易于实现结构化程序设计，程序的层次结构更加清晰，且程序也便于编写、阅读和调试。

8.1　函数的分类

1. 从函数定义的角度

从函数定义的角度看，函数可分为库函数和用户定义函数两种。

(1) 库函数：由 C 系统提供，用户无需定义，也不必在程序中作类型说明，只需在程序前包含有该函数原型的头文件，即可在程序中直接调用。在前面各章的例题中反复用到的 printf、scanf、getchar、putchar、gets、puts、strcat 等函数均属此类。

(2) 用户自定义函数：由用户按需要写的函数。对于用户自定义函数，不仅要在程序中定义函数本身，而且在主调函数模块中还必须对该被调函数进行类型说明，然后才能使用。

2. 从有无返回值的角度

C 语言的函数兼有其它语言中的函数和过程两种功能，从这个角度看，函数又可分为有返回值函数和无返回值函数两种。

(1) 有返回值函数：此类函数被调用执行完后将向调用者返回一个执行结果，称为函数返回值。数学函数即属于此类函数。由用户自定义的这种要返回函数值的函数，必须在函数定义和函数说明中明确返回值的类型。

(2) 无返回值函数：此类函数用于完成某项特定的处理任务，执行完成后不向调用者返回函数值。这类函数类似于其它语言中的过程。由于函数无需返回值，用户在定义此类函数时可指定它的返回值为"空类型"，空类型的说明符为"void"。

3. 从数据传送的角度

从主调函数和被调函数之间数据传送的角度看，函数又可分为无参函数和有参函数两种。

(1) 无参函数：函数定义、函数说明及函数调用中均不带参数。主调函数和被调函数之间不进行参数传送。此类函数通常用来完成一组指定的功能,可以返回或不返回函数值。

(2) 有参函数:也称为带参函数。在函数定义及函数说明时都有参数,称为形式参数(简称形参)。在函数调用时也必须给出参数,称为实际参数(简称为实参)。进行函数调用时,主调函数将把实参的值传送给形参,供被调函数使用。

4. 从功能的角度

C 语言提供了极为丰富的库函数,这些库函数又可从功能角度作以下分类。

(1) 字符类型分类函数:用于对字符按 ASCII 码分类,如字母、数字、控制字符、分隔符,大小写字母等。

(2) 转换函数:用于字符或字符串的转换;在字符量和各类数字量(整型、实型等)之间进行转换;在大、小写之间进行转换。

(3) 目录路径函数:用于文件目录和路径操作。

(4) 诊断函数:用于内部错误检测。

(5) 图形函数:用于屏幕管理和各种图形功能。

(6) 输入/输出函数:用于完成输入/输出功能。

(7) 接口函数:用于与 DOS、BIOS 和硬件的接口。

(8) 字符串函数:用于字符串操作和处理。

(9) 内存管理函数:用于内存管理。

(10) 数学函数:用于数学函数的计算。

(11) 日期和时间函数:用于日期、时间转换操作。

(12) 进程控制函数:用于进程管理和控制。

(13) 其它函数:用于其它各种功能。

8.2　函数的定义和调用

8.2.1　函数的定义

函数的定义就是确定一个函数完成一定的操作功能。函数定义的一般形式为

```
函数类型说明 函数名(形式参数类型说明 形式参数列表)
{
    说明部分
    语句
}
```

其中:

(1) 函数类型说明指出函数中 return 语句返回的值的类型,它可以是 C 语言中任意合法的数据类型,如 int、float、char 等。如果不加函数类型说明符,C 语言默认返回值的类型是整型。函数也可以没有返回值,这时函数类型应说明为 void 类型。

(2) 函数名是用户给函数起的名称,它是一个标识符,是函数定义中不可缺少的部分。函数名后的一对圆括号是函数的象征,即使没有参数也不能省略。

(3) 形式参数列表是写在圆括号中的一组变量名，形式参数之间用逗号分隔。形式参数称为形式的(或虚参数，简称虚参)，是因为形参没有固定的值，形参的值通常在函数被调用时由调用函数的实参提供。C 语言中的函数允许没有形式参数。当没有形式参数时，圆括号不能省略，括号内也可以加入 void。

(4) 形式参数类型说明是对形式参数表中的每一个形式参数所作的类型说明，ANSI C 新标准提倡在函数名后的一对圆括号中给出参数列表时，同时对每个参数进行参数说明，例如：

```
int max(int x,int y)
{
    if(x>y)
        return x;
    else
        return y;
}
```

其中，指出函数 max 的形参 x 是 int 型，形参 y 也是 int 型。当采用这种方式进行说明时，应分别说明每个形参的类型。

(5) 用{}括起来的部分称为函数体，由说明部分和语句组成。在函数体中可以定义各种变量，在函数中定义的变量只能在该函数内使用。函数体中的语句规定了函数执行的操作，体现了函数的功能，在函数体内通常包含 return 语句。函数体中可以既无变量定义，也无语句，但一对花括号是不可省略的。例如：

```
void null(void)
{}
```

这是一个空函数，不产生任何操作，但它是一个合法的函数。

8.2.2　函数的调用和函数的返回

在 C 语言中，除 main()函数外，其它函数的执行都是通过调用实现的，而函数定义仅仅是定义函数的性质和执行过程，仅具有说明性质。

函数只有在被调用时才能执行。按函数在程序中的作用，函数有三种调用方式：

(1) 函数语句：把函数调用作为一个语句，这时不要求函数带返回值，只要求完成一定的操作。

例如 printf 函数的使用：

```
printf("%d",a);
```

(2) 函数表达式：函数出现在一个表达式中，函数的返回值作为表达式的一部分参与运算。

例如：

```
x=2*max(a,b);
```

(3) 作函数的参数：函数调用作为另一个函数的一个实参。

例如：

```
        printf("%d",max(a,b));
```

其中，把函数 max(a,b)作为 printf()函数的一个实参，这种方式实质上也是函数表达式调用的一种。

在调用函数之前，必须声明被调用函数的原型，包括函数的类型、参数类型、参数个数及顺序。编译程序按函数声明的原型连接调用函数和被调用函数，保证了函数调用的顺利完成。函数声明与函数定义不同，函数定义要给出函数的具体操作代码。函数声明的形式可参照函数定义中的函数头，一般形式为

　　　　　函数类型说明符 函数名(类型说明符　形参，类型说明符　形参，…);

实际上，函数声明就是函数定义中第一行的内容加上一个分号，称为函数原型。在这种说明方式中，形参的名字是不重要的，重要的是参数的类型。在函数声明中，可以只写形参的类型名，而不写形参名，但顺序不能写错。

C 语言规定，如果被调用函数的定义出现在调用函数之前，也就是函数定义写在前面、调用函数写在后面，可以不在调用函数前对被调用函数进行声明。

对于 C 系统提供的标准库函数，函数原型的声明已分类放在扩展名为 .h 的文件中(称为头文件)，如平方根函数 sqrt()原型的声明在 math.h 文件中，在调用平方根的程序文件前面使用文件包含预处理命令#inclue <math.h>。

函数返回到调用它的函数有两种方法：

(1) 函数执行结束，即遇到最后面的"}"后。

(2) 遇到"return <表达式>；"语句。

return 语句有两个功能：一是宣告函数的一次执行结束，返回到调用它的函数中，一个函数中可以有一个以上的 return 语句，执行到哪一个 return 语句，哪个语句起作用；二是把函数的结果带回至调用它的位置。

函数的返回值类型应该与函数定义时函数的类型一致。如果对函数类型的说明与return 语句中表达式的类型不一致，则以函数类型为准，系统自动进行类型转换，将表达式的类型转换为函数类型。

8.2.3　参数传递

1. 变量作为函数形参

当变量作为形参时，对应的实参允许是同类型的常数、变量、数组元素和表达式，而且应该有确定的值，在参数传递时将常数、变量、数组元素和表达式的值传递给对应的形参。当使用多个形参时，实参的个数必须相同，类型也必须一一对应。实参与形参之间按顺序结合，与参数的名字无关。其结合的规则是单向值传送。

【例 8.1】　求长方形面积的函数。

解题思路：求长方形的面积，首先需要确定长方形的长和宽，所以在形参中有两个变量分别用于接收从主函数传来的实际的长方形的长和宽的值。计算出面积值后，用 return将结果带回调用的位置。

程序代码：

```
    int sss(int a,int b);                    /*函数说明*/
```

```c
#include <stdio.h>
void main()
{
    int a=3, b=4;                    /*长方形的长和宽*/
    int s;
    s=sss(a, b);                     /*函数调用*/
    printf("s=%d\n", s);
}
int sss(int a, int b)
{
    int c;
    c=a*b;
    return c;                        /*    函数返回  */
}
```

运行结果：

```
s=12
```

分析：在主函数调用 sss()函数之前，系统不为 sss()函数中的参数 x、y 和 z 分配存储单元。只有函数被调用时，才为该函数的形参和变量分配储存单元，并以调用函数实参提供的值作为对应形参的初值。应该注意的是，sss()函数中的变量或形参虽然与主函数中的变量名字相同，但它们都有自己的存储单元，sss()函数中变量 a、b 的变化不影响 main()函数中变量 a 和 b 的值，这是模块化程序设计所要求的，保证了各个函数的独立性。当 sss()函数结束时，系统自动释放该函数中定义的变量单元。

在参数的传递过程中，遵循的是单向值传送规则，使函数只有一个入口(实参传值给形参)，一个出口(函数返回值)。因而函数受外界的影响最小，从而保证了函数的独立性，便于模块化的程序设计。值得注意的是，实参可以为形参传送数据，是单向的，即在函数调用时实参的值可以影响形参，但形参值改变后不能影响实参。

【例 8.2】 形参值变化不影响实参。

程序代码：

```c
#include <stdio.h>
void swap(int a, int b);            /*函数说明*/
void main()
{
    int a=3, b=5;
    printf("a=%d, b=%d\n", a, b);
    swap(a, b);                      /*函数调用*/
    printf("a=%d, b=%d\n", a, b);
}
void swap(int a, int b)             /*函数定义*/
{
```

```
    int t;
    t=a;
    a=b;
    b=t;
    printf("a=%d, b=%d\n", a, b);
}
```

运行结果：

    a=3, b=5   a=5, b=3   a=3, b=5

分析：程序的运行结果表明，在执行 swap()函数时，无返回值的 swap()函数中的 a 和 b 两个变量值实现了交换，但返回到 main()中后，main()中 a 和 b 的值并没有改变。这说明实参 a、b 与形参 a、b 虽然变量名相同，但它们分别占用不同的内存空间，形参值改变后不能影响实参。

如果需要从被调用函数传回多个数据，或实现形参的变化影响到实参，可以使用指针型参数来完成。

2. 指针变量作为函数形参

指针变量作形参时，对应的实参必须为它提供确定的地址类型的表达式，以便形参指针指向实参提供的地址。通过函数中的形参指针间接访问实参地址中的数据，如果向该地址单元赋予新的值，函数返回后可以使用这个数据。使用指针参数最重要的作用，除了用 return 返回一个值之外，还可以通过指针参数返回多个数据。

【例 8.3】 通过形参改变调用函数中实参变量的值。

解题思路：如果以变量作形参，形参值改变后不影响实参值，根本原因在于实参与形参占用不同的存储空间。如果要通过改变形参值来改变实参的值，需要二者指向同一地址单元，所以必须以指针作为形参。在调用这个函数时，实参提供的值应该是调用函数中变量的地址值。

程序代码：

```
#include <stdio.h>
void rets(int *px, int *py)
{
    int t;
    t=*px;
    *px=*py;
    *py=t;
}
void main()
{
    int a=3, b=4;
    printf("a=%d, b=%d\n", a, b);
    rets(&a, &b);
```

```
        printf("a=%d, b=%d\n", a, b);
    }
```

运行结果：

　　　　a=3, b=4　　a=4, b=3

分析：本程序中的函数 rets 的形参是两个整型指针变量 px 和 py，主程序在调用它时，将变量 a 的地址传送给了 px，变量 b 的地址传送给了 py，这样就使得函数 rets()的两个参数 px 和 py 分别指向了调用函数中的变量 a 和 b；而函数 rets()中的语句，将 px 和 py 所指的地址中的内容进行交换。对 main()函数来说，rets()函数改变了变量 a 和 b 的值。

【例 8.4】　求长方形的面积和周长的函数。

解题思路：本题的要求是运行一个函数，得到两个结果，而 return 语句只能返回一个值，并且一个函数中只能有一个 return 语句被执行，所以用 return 的方法不能实现题目的要求。解决的办法是在调用函数中将表示面积和周长的变量的地址值传递给被调用函数，而被调用函数中的形参设置两个指针变量来接收地址值，在函数体内改变这两个地址所指向的值，就可达到同时返回两个值的目的。

程序代码：

```
        void sss(int a, int b, int *x, int *y);        /*函数说明*/
        #include <stdio.h>
        void main()
        {
            int a=3, b=4, s, l;
            sss(a, b, &s, &l);                         /*函数调用*/
            printf("s=%d l=%d\n", s, l);
        }
        void sss(int a, int b, int *x, int *y)
        {
            *x=a*b;
            *y=2*(a+b);
        }
```

运行结果：

　　　　s=12 l=14

分析：从函数执行的效果来看，确实由函数返回了长方形的面积和周长值，好像从被调用函数可以向调用函数传送数据。实际上，形参 x 和 y 计算结果不能传回主函数中，而是 x 使用了实参 s 的地址，x 发生改变，s 值也跟着发生变化；y 使用了实参 l 的地址，y 发生改变，l 值也跟着发生变化。

指针变量作形参，仍然符合单向值传送规则，这时传递的值是地址值。

3. 数组作为函数形参

一维数组的数组名即该数组的首元素地址，数组名作为函数形参时，对应的实参要提供若干个连续的存储单元的首地址，作为形参数组的首地址。一般情况下，实参为数组名或某个数组元素的地址。下面通过实例说明。

【例 8.5】 用数组名作参数，求数组元素的平均值。

解题思路：本题可使被调用函数形参为数组名 b，接收主函数实参 a 数组的首地址，这样 a 数组与 b 数组共用同一存储空间，在被调用函数中，对 b 数组的存取操作就相当于对 a 数组的操作，求出平均值以后，用 return 语句返回即可实现题目的要求。

程序代码：

```
#include <stdio.h>
void main()
{
    float ave, a[5]={65, 75, 85, 90, 95};
    float aver(float a[]);              /*    函数原型的声明      */
    ave=aver(a);
    printf("ave=%f\n", ave);
}
float aver(float b[5])
{
    int i;
    float sum=0, ave;
    for(i=0; i<5; i++)
        sum+=b[i];
    ave=sum/5;
    return ave;
}
```

运行结果：

```
ave=82.000000
```

说明：

(1) 当用数组名作函数的参数时，实参数组和形参数组要在调用函数和被调用函数中分别定义。上例中 a 是实参数组名，b 是形参数组名，它们已分别在其函数中定义。即使名字相同，也必须分别单独定义。

(2) 实参数组与形参数组的名字可以不同，但类型应一致，否则将出错。

(3) 实参数组与形参数组的大小可以不一致，甚至维数也可以不同。C 编译程序对形参数组不作下标越界检查，只是将实参数组的首地址传送给形参数组，使之共用同一段存储单元。

如果要求得到实参数组的所有元素值，形参数组不应大于实参数组。形参数组也可以不指定大小，在定义数组时，在数组名后跟一个空的方括号，为了在被调用函数中处理数组元素的需要，可以另设一个参数，以传递数组元素的个数。下面举例说明。

【例 8.6】 用数组名和数组元素的个数作函数的参数，求数组所有元素的平均值。

程序代码：

```
float aver(float b[],int n)        /*函数定义，n 为形参数组引用元素的个数*/
{
    int i;
    float ave,sum=0.0;
    for(i=0;i<n;i++)
        sum+=b[i];    .
    ave=sum/n;
    return ave;
}
#include <stdio.h>
void main()                    /*主函数*/
{
    float a1[3]={87.5, 90, 100};
    float a2[5]={98.5, 97, 91.5, 60, 55};
    printf("The average of a1 is %f\n", aver(a1,3));
    /*  上面语名也可写为：printf("The average of a1 is %f\n", aver(&a1[0], 3)); */
    printf("The average of a2 is %f\n", aver(a2,5));
}
```

运行结果：

The average of a1 is 92.500000

The average of a2 is 80.400000

分析：程序中两次调用 aver 函数时，实参数组的大小是不同的，在调用时用一个实参将数组的元素个数传送给形参 n，这样在函数 aver 中，对实参数组的所有元素都可访问到，又保证了下标不越界。增加参数 n 的意义非常重要，可以增强 aver 函数的独立性和通用性，这在实际中被普遍使用。

(4) 数组名作函数的形参时，对应的实参数组名表示数组的首地址，传给形参一个地址值，并作为形参数组的首地址。这样形参数组和实参就共用了同一段存储单元，形参数组元素按顺序对应使用实参数组元素的地址。因此，在被调函数中对形参数组元素的操作，实际是对实参数组元素的操作。这种参数传递的方式称为"地址传送"，起到了双向传送数据的目的。

(5) 由于实参向形参传递的是一段连续空间的首地址值，所以可以利用传递不同首地址值的方法，灵活地对数组进行操作。

【例 8.7】 将数组部分元素的值清零。

解题思路：将数组部分元素的值清零，要给出需要处理的这一段数组元素的首地址和元素的个数，首地址用数组名作形参，元素数用普通变量名作形参。

程序代码：

```
    void clear(int x[], int n)
    {
```

```
        int i;
        for(i=0;i<n;i++)
            x[i]=0;
    }
    #include <stdio.h>
    void main()
    {
        int a[15]={1,3,5,7,9,11,13,15,2,4,6,8,10,12,14},i,j,n;
        scanf("%d,%d",&j,&n);
        clear(&a[j],n);
        for(i=0;i<15;i++)
            printf("%4d",a[i]);
    }
```

运行结果：

10,5

  1   3   5   7   9   11   13   15   2   4   0   0   0   0   0

分析：将前 5 个元素和最后 5 个元素的值清零，实参分别为某一个元素的地址。当实参为&a[10]时，实参数组元素 a[10]的地址作为形参数组 x 的首地址，即 x[0]使用 a[10]的地址，x[1]使用 a[11]元素的地址，最后一个元素 x[5]与 a[14]的地址相同。

8.2.4　函数的嵌套调用

C 语言中的函数定义是独立的，不允许函数的嵌套定义，但允许嵌套调用，即一个函数可以调用别的函数，也可以被其它函数调用。函数的嵌套调用为自顶向下，逐步求精，模块化结构化程序设计技术为其提供了最基本的技术支持。

【例 8.8】　用函数嵌套的方法求 1! + 2! + 3! + 4! + 5!。

解题思路：主函数只提供数据 5 和输出结果；sum()函数分别提供 1 至 x，并完成相加，返回相加后的结果；fac()函数计算 x 的阶乘，并返回。调用过程是主函数调用 sum()，sum()函数调用 5 次 fac()函数。

程序代码：

```
    int sum(int x);    /*函数说明*/
    int fac(int x);    /*函数说明*/
    #include <stdio.h>
    void main()
    {
        int s,i=5;
        s=sum(i);       /*主函数调用 sum 函数*/
        printf("s=%d\n",s);
    }
```

```
int sum(int x)
{
    int z=0,i;
    for(i=1;i<=x;i++)
    z=z+fac(i);              /* sum 函数调用 fac 函数*/
    return z;                /* sum 函数返回到主函数*/
}
int fac(int x)
{
    int z=1,i;
    for(i=1;i<=x;i++) z=z*i;
    return z;                    /* fac 函数返回至 sum 函数*/
}
```

运行结果：

```
s=153
```

分析：本例中函数 sum()和 fac()是分别定义的，互不从属。但在主程序中调用了函数 sum，在函数 sum 中又调用了函数 fac。这是一个二重嵌套调用，C 语言的函数嵌套调用层数在语法上没有限制。

8.3　变量的作用域

8.3.1　局部变量

C 语言中变量有两种属性，即变量的类型和它的存储类型。变量的类型(如 char、int、float 等)确定了变量占用内存空间的大小和数据的存储格式。变量的存储类型决定变量单元分配到内存区域的类型，并决定了变量的生存期(何时分配单元，何时释放单元)，以及变量的作用域(变量的作用范围)。

在 C 语言中，局部变量包括下面三种：

(1) 在函数体定义的变量。

(2) 函数中的形式参数。

(3) 在复合语句(分程序)中定义的变量。

局部变量的作用域为所在函数，复合语句中定义的变量的作用域仅为复合语句之内。但从变量的生存期来讲，又可以分为自动变量和静态变量两类。

1. 局部自动变量

定义自动变量的关键字为 auto，如：

```
auto int a,b;
```

其中，定义了两个整型自动变量 a 和 b。关键字 auto 可以缺省，因此前面所定义过的变量都默认为自动变量。上面定义可以简化为 "int a,b;"。

在函数内部定义的自动变量在该函数被调用时由系统自动分配存储单元，当函数结束时系统将变量单元自动释放，因为单元的分配和释放都是由系统自动完成的，所以称为自动变量。在函数(或复合语句)内定义的变量只能在函数(或复合语句)内使用，作用域是局部的，因此称为局部变量。在前面的程序例子中，在函数中所定义的变量都是局部自动变量，经常简称局部变量。

函数内定义的变量不能由其它函数使用，这为模块化程序设计带来了很大方便，不仅便于多人共同开发程序软件，也极大地降低了程序调试的难度。

函数可以嵌套调用，即被调用函数仍可以调用其他函数(包括自己本身)，这时如何理解各个函数中的局部变量引用不出问题呢？在计算机内存管理技术中，有一种堆栈技术可以解决这一问题，下面结合程序例子说明。

【例 8.9】　计算(a+b)(a−b)的值。

解题思路：本题设计 fun1、fun2、fun3 三个函数，fun1 函数用于求两个数的和，fun2 函数用于求两个数的差，fun3 函数用于求两个数的积。

程序代码：

```
int fun1(int, int);
int fun2(int, int);
int fun3(int, int);
#include <stdio.h>
void main()
{
    int a, b, x;
    a=5;
    b=3;
    x=fun3(a, b);
    printf("x=%d\n", x);
}
int fun1(int x, int y)
{
  return x+y;
}
int fun2(int x, int y)
{
  return x-y;
}
int fun3(int x, int y)
{
    int z;
    z=fun1(x, y)*fun2(x, y);
    return z;
```

```
        }
```
运行结果：
```
        x=16
```
分析：

(1) 程序从主函数开始，先为三个整型变量 a、b、x 分配存储单元，并赋值(a=5，b=3)。在调用函数前将当前现场(变量当前值，将来函数返回地址，内部寄存器信息等)第一次压入堆栈内存，然后执行 fun3()函数，同时提供两个整型的实参数据。

(2) fun3 函数被调用时，先为两个整型实参 x、y 和整型变量 z 分配存储单元，并按单向值传送的规则接收两个实参数据，使得 x=5，y=3。

(3) 在 fun3 函数中，下一步调用 fun1 函数，在调用之前将当前现场数据第二次压入堆栈内存，调用 fun1 函数时 x 和 y 已变成有确定值的实参。

(4) fun1 函数被调用时，先为整型实参 x 和 y 分配存储单元，并将实参的值赋给形参，x=5，y=3。

(5) 在 fun1 函数中遇到 return 返回命令时，先计算 x+y 的值，作为返回值保留，然后释放形参 x 和 y 的存储单元，最后弹出第二次压入堆栈的数据，并返回 fun3 函数。

(6) 返回 fun3 函数时，由于已将原来第二次压入堆栈的信息弹出(弹出就是恢复原来现场的数据，保证继续原来后面的操作)，在表达式 z=fun1(x,y)*fun2(x,y)的计算中，继续完成 fun2 函数的调用。由于 fun1 和 fun2 函数的调用过程是类似的，所以 fun2 函数的调用过程不再叙述，现假定两次调用成功并得到 z 的值(z=16)。

(7) 在 fun3 函数中，当遇到 return 语句时，自动释放两个形参(x 和 y)和一个普通变量 z 存储单元，然后弹出第一次压入堆栈的数据信息，返回主函数，并将 z=16 返回到主函数。

(8) 回到主函数后，原来压入堆栈的数据得到了恢复，并将 fun3 函数的返回值 16 赋给 x，且输出结果 x=16。

(9) 主函数结束之前自动释放主函数中定义的变量，程序结束运行。堆栈又称为先进后出存储器，有关内存中堆栈的知识请参阅数据结构方面的资料。在主函数 main 中定义的变量也是局部变量，只在主函数中有效。主函数也不能使用其它函数中定义的变量。不同函数中可以使用相同名字的变量，它们代表不同的对象，互不干扰。在复合语句中定义的变量也只在定义它们的复合语句中有效。如下面例子中的变量 c 只在复合语句内有效，而 a 和 b 在整个 main 函数内有效。

【例 8.10】　复合语句内变量的作用域。

程序代码：
```
        #include <stdio.h>
        void main()
        {
            int a=3,b=5;
            if(a<b)
            {
                int c;
                c=a;
```

```
        a=b;
        b=c;
    }
    printf("%d,%d\n",a,b);
}
```

2. 局部静态变量

如果希望函数中的局部变量在调用后不释放，并在下一次调用时继续使用该变量的已有值，可以将变量定义成局部静态变量。定义静态变量的方法是在变量类型的定义前加上关键字 static。

【例 8.11】　用静态变量编程计算 2 到 5 的阶乘值。

解题思路：如果采用动态变量，函数每次结束后，变量内容就会被释放而不能保存已计算过的值，所以定义一个函数 fac()时，在函数体中定义一个静态变量 f，可保存前一个数的阶乘值，下次调用时，将以前一个值为基础进行累乘。

程序代码：

```
#include <stdio.h>
int fac(int n)
{
    static int f=1;
    f=f*n;
    return f;
}
void main()
{
    int i;
    for(i=2;i<=5;i++)
        printf("%d!=%d\n",i,fac(i));
}
```

运行结果：

```
2!=2
3!=6
4!=24
5!=120
```

分析：在第一次调用函数 fac(2)时，f 的值为 1，传送给 n 时为 2，调用结束时 f 的值为 2。由于 f 是静态变量，函数调用结束后并不释放，仍保留 f=2。第二次调用时它的值是 2(上次调用结束时的值)，调用结束后 f 的值为 6。该值又在下一次调用时被使用……依此类推，直到整个程序执行结束。如果不是从 2 开始依次求 3，4，5，…的阶乘，则结果显然是错误的。

关于静态局部变量的说明：

(1) 静态局部变量分配的存储空间，在程序运行期间不被释放。

(2) 如果定义静态局部变量时没有初始化值，则系统在编译时自动将其初始化。数值型的初始化值为零，字符型的初始化值为空格符。局部动态变量没有自动初始化的功能。

(3) 虽然静态局部变量在函数结束时不被释放，但仍不能被其它函数访问。若非必要，应尽量少用局部静态变量，一方面是浪费内存空间；另一方面则是多次调用函数时，因静态局部变量的当前值与上一次的调用有关，故程序不易调试。

8.3.2　全局变量

全局变量是在函数外部定义的，可以被程序中的各个函数引用，在程序的整个运行期间都有效。C 程序的编译单位是源程序文件，全局变量的作用域为整个源文件，它的有效范围从定义位置开始，直到该源文件结束。

【例 8.12】　全局变量作用域示例。

解题思路：本题用于测试变量 a 和 x 在程序中的作用范围。

程序代码：

```
#include <stdio.h>
void fun1();
int a=9;
void main()
{
    int b=8,c;
    c=a+b;
    printf("a+b=%d\n",c);
    fun1();
}
int x=5;
void fun1()
{
    printf("x+a=%d\n",x+a);
}
int y=10;
```

运行结果：

```
a+b=17   x+a=14
```

分析：程序中定义了三个全局变量。变量 a 是在文件开头定义的，可以被文件中所有函数引用。变量 x 是在文件中间定义的，只能由后面的 fun1 函数引用，主函数中不能使用全局变量 x。变量 y 是在文件最后定义的，在前面两个函数中都不能使用全局变量 y。

在函数中，既可以使用本函数中定义的局部变量，也可以使用在它前面定义的全局变量。如果函数中的变量与全局变量同名，则使用局部变量。下面举例说明。

【例 8.13】　局部变量与全局变量同名示例。

程序代码：

```
#include <stdio.h>
void fun1();
int a=9;
void main()
{
    int b=8, c;
    c=a+b;
    printf("a+b=%d\n", c);
    fun1();
}
int x=5;
void fun1()
{
    int a=10;
    printf("x+a=%d\n", x+a);
}
```

运行结果：

```
a+b=17 x+a=15
```

注意：为了保证函数的独立，避免出现二义性，在程序中不应过多地使用全局变量。

8.3.3　变量存储类型与模块化程序设计

C 程序运行过程中，用户使用的存储空间分为程序区、静态存储区和动态存储区三部分，数据分别存放在静态存储区和动态存储区中。全局变量、静态变量存放在静态存储区中，它们使用的存储空间在程序运行期间是固定不变的，只有程序运行结束时才释放存储空间。动态存储区中存放局部自动变量，包括函数内定义的自动变量、函数的形式参数、复合语句中定义的变量，以及函数调用时现场数据和返回地址等。动态存储技术的实现，一方面解决了函数之间的数据隔离问题；另一方面，一个函数使用的内存空间的及时释放，提高了内存的使用效率。

变量存储类型分为静态存储和动态存储，具体包括四种：自动的(auto)、静态的(static)、寄存器的(register)和外部的(extern)。

为了提高程序的执行效率，C 语言允许将局部变量的值存放在通用寄存器中，称此种为寄存器变量。定义寄存器变量采用关键字 register。例如，下面定义了两个寄存器变量 a、b：

```
register int a, b;
```

由于计算机中寄存器的数目是有限的，程序运行时经常不能实现寄存器存放 a 和 b 的数据，所以对于一般程序都不需要使用寄存器变量。

从模块化程序设计的要求来看，虽然提倡模块(函数)的独立性，但完全的独立是不现实的。只有无参数函数并且无返回值时，才可以做到完全独立。调用函数与被调用函数之间需要有数据联系，这是实际问题所要求的。一般情况下，调用函数为被调用函数提供待加工的初始数据，函数结束时将处理结果返回到调用函数。如果加工结果只有一个数据，利用返回值就可以解决了；如果要返回多个数据，可以使用指针参数的方法实现。数组名作参数也是函数间数据联系最方便快捷的手段。

全局变量的使用可以提高函数之间数据传送的效率，可以替代复杂的指针参数用法，但同时也破坏了函数模块的独立性，因此，对于大型软件系统的设计是不提倡的，函数编写过程中要考虑更多的影响因素，调试程序时也更加复杂。在有特殊需要，并且对于程序编写和调试的难度没有大的影响情况下，可以使用全局变量。总之，如果有其它办法，最好不使用全局变量。

关于静态变量，在全局变量的选择中应尽可能地使用全局静态变量；在自动变量和静态变量的选择中，则最好不使用静态变量。如果有其它办法，就不要使用静态变量。在早期的 C 编译系统中，非静态变量不能在定义时初始化，因此为了变量初始化的简便，常常将变量定义为静态的。现在，非静态变量也可以在定义时给出初始化值。

本 章 小 结

本章主要介绍了以下内容：

1. 函数的分类：

(1) 库函数：由 C 系统提供的函数。

(2) 用户自定义函数：由用户自己定义的函数。

(3) 有返回值的函数：向调用者返回函数值，应说明函数类型(即返回值的类型)。

(4) 无返回值的函数：不返回函数值，应说明为空(void)类型。

(5) 有参函数：主调函数向被调函数传送数据。

(6) 无参函数：主调函数与被调函数间无数据传送。

(7) 内部函数：只能在本源文件中使用的函数。

(8) 外部函数：可在整个源程序中使用的函数。

2. 函数定义的一般形式为

[extern/static] 类型说明符　函数名([形参表])

其中，方括号内为可选项。

3. 函数说明的一般形式为

[extern] 类型说明符　函数名([形参表]);

4. 函数调用的一般形式为

函数名([实参表])

5. 函数的参数分为形参和实参两种，形参出现在函数定义中，实参出现在函数调用中，发生函数调用时，将把实参的值传送给形参。

6. 函数的值是指函数的返回值，它是在函数中由 return 语句返回的。

7. 数组名作为函数参数时不进行值传送而进行地址传送。形参和实参实际上为同一数组的两个名称。因此形参数组的值发生变化，实参数组的值也会变化。

8. C 语言中，允许函数的嵌套调用和函数的递归调用。

9. 可从三个方面对变量分类，即变量的数据类型、变量的作用域和变量的存储类型。第 2 章中主要介绍了变量的数据类型，本章中则介绍了变量的作用域和变量的存储类型。

10. 变量的作用域是指变量在程序中的有效范围，分为局部变量和全局变量。

11. 变量的存储类型是指变量在内存中的存储方式，分为静态存储和动态存储，表示了变量的生存期。

12. 变量存储类型分为静态存储和动态存储，具体包括四种：自动的(auto)、静态的(static)、寄存器的(register)和外部的(extern)。

实　　训

1. 下列程序的功能是计算一个整数阶乘，请上机验证，并在/* */中写出本行的功能。

```c
#include <stdio.h>
int fac(int x);        /*     */
void main()
{
    int a=5, ff;
    ff=fac(a) ;        /*     */
    printf("%d!=%d\n", a, ff);
}
int fac(int n)/*     */
{
    int i, t=1;
    for(i=1; i<=n; i++)
        t=t*i;
    return t;              /*     */
}
```

2. 分析下列程序，试写出运行结果，并上机验证。

(1) 程序一：

```c
#include <stdio.h>
void myprt(int n)
{
    int i;
    printf("\n") ;
    for(i=1; i<=n; i++)
    printf("*");
}
```

```
    void main()
    {
        int i;
        for(i=1; i<=3; i++)    myprt(i+1) ;
    }
```

(2) 程序二：

```
    #include <stdio.h>
    void mywapl(int *x, int *y)
    {
        int t ;
        t=*x ;
        *x=*y ;
        *y=t ;
    }
    void main()
    {
        int x=3,y=7 ;
        printf("\n x=%d    y=%d", x, y);
        mywapl(&x, &y);
        printf("\n x=%d    y=%d", x, y);
    }
```

(3) 程序三：

```
    #include <stdio.h>
    void fun(int b[], int n) ;
    void main()
    {
        int a[10]={0}, i;
        fun(a, 10);
        for(i=0; i<10; i++)
        printf("%d", a[i]);
    }
    void fun(int b[], int n )
    {
        int j;
        for(j=0; j<n; j++)
        b[j]=j+10;
    }
```

3. 按题目要求和主函数对它的调用方式，编写函数。

(1) 编写一个函数 fun()，判断一个整数是否被另一个整数整除，若能则函数返回 1，否则返回 0；主函数调用该函数输出 50 以内能同时被 3 和 5 整除的数(主函数和 fun 函数原型说明已经给出)。

```c
#include <stdio.h>
int fun(int x, int y);
void main()
{
    int i;
    for(i=1; +<=50; i++)
        if(fun(i, 3)&&fun(i, 5))
        printf("%3d", i);
}
int fun(int x, int y)
{



}
```

(2) 编写一个函数 fun()，调用此函数将一维数组中的值逆序存放。(主函数和 fun 函数原型说明已经给出。)

```c
#include <stdio.h>
void fun(int a[],int n);
void main()
{
    int a[9]={0, 1, 2, 3, 4, 5, 6, 7, 8}, i;
    for(i=0; i<9; i++)
        printf(" %3d", a[i]);
    printf("\n");
    fun(a, 9);
    for(i=0; i<9; i++)
        printf("%3d", a[i]);
}
void fun(int b[], int n)
{



}
```

4. 分析下列程序，试写出运行结果，并上机验证。

(1) 程序一：

```
#include <stdio.h>
void fun1();
int a=9;
void main()
{
    int b=8;
    printf("a+b=%d\n", a+b);
    fun1();
}
void fun1()
{
    int a=1, b=2;
    printf("a+b=%d\n", a+b);
}
```

(2) 程序二：

```
#include <stdio.h>
int fun(int n)
{
    int f=1;   /*本行改为  static int f=1; 结果怎样？ */
    f=f+n;
    return f;
}
void main()
{
    int i=1;
    printf("%d \n", fun(i));
    printf("%d \n", fun(i));
}
```

第 9 章　预处理指令

编译预处理是 C 语言区别于其它高级语言的一个重要特点。C 语言的编译预处理功能具有宏定义、文件包含和条件编译等几个特殊的命令。编译系统在进行词法分析、语法分析、代码生成以及代码优化等工作以前，首先对这些特殊命令进行预处理，然后将其结果与源程序一块进行编译。本章主要介绍编译预处理中的宏定义和文件包含命令。

为了区别于一般语句，在预处理命令开头必须加"#"符号作为标志，如：

```
#include <math.h>
#define PAI 3.14
```

注：预处理命令不是 C 程序语句，因此命令后面不能使用分号。

9.1　宏　定　义

9.1.1　字符串宏

一般来说，常量都具有一定的意义，但通常在程序中使用的常量，却很难看出它的意义，以致降低了程序的可读性。为此 C 语言提供了一个用符号来表示一个常量的方法，即字符串宏来解决此类问题。

字符串宏的定义形式为

```
#define　标识符　字符串
```

【例 9.1】　计算圆面积和周长。

解题思路：计算圆的面积一定会用到圆周率 π，它的精度会根据题目的要求而改变。如果它在程序中多次出现，修改程序时也会分别对每一个常量进行修改。用字符串宏的方法可以很好地解决这一问题，而且每次只改动一个位置即可。

程序代码：

```
#include <stdio.h>
#define PAI 3.14
void main()
{
    float r=3, s, l;
    s=PAI*r*r;
    l=2*PAI*r;
    printf("l=%f\n", l);
```

```
        printf("s=%f\n", s);
    }
```

运行结果：

　　　　r=18.840000 s=28.260000

分析：如果想提高计算的精度，可直接将"#define PAI 3.14"修改为"#define PAI 3.14159"。

说明：

(1) 宏标识符一般使用大写字母表示，以便与程序中的变量相区别，这不是语法所要求的，而是人们的一种习惯。

(2) 执行预处理命令时只作简单的替换。例如，若将前面例子中的数字字符 3.14 中的数字 1 写成小写字母 l，则只有到编译时才会发现错误，而在替换时不进行任何语法检查。

(3) 宏定义一般放在源程序文件的开始部分，宏标识符只在该文件内有效。

(4) 程序中出现在双引号里的字符串如果与宏名相同，则不进行替换。

9.1.2　带参数宏

宏定义中，可以使用参数，带参数宏的定义形式为

　　　　#define 标识符(参数表) 字符串

其中，字符串中应包含参数表中所指定的参数。如果参数有两个以上，则它们之间用","号分隔。

【例 9.2】　使用带参数的宏计算长方形的面积。

解题思路：计算长方形的面积，需要长和宽两个参数，所以定义带两个参数的宏，参数之间用逗号隔开，后面的字符串中表示用这两个参数计算出面积的公式。

程序代码：

```
        #include <stdio.h>
        #define are(h,w) (h)*(w)
        void main()
        {
            int a=3,b=5,c;
            c=are(a+1,b);
            printf("c=%d\n",c);
        }
```

运行结果：

　　　　c=20

分析：应该注意的是，参数 h 和 w 没有类型问题，使用括号也是必要的。如果将宏定义为形式

　　　　#define myfun(x,y) x*y

则表达式 myfun(a+1,b) 的值等于 8，而不是 20，因为替换的结果为 a+1*b。

9.1.3　函数与宏的比较

在某些情况下，宏定义与函数调用可以起到同样的作用。宏定义与函数调用的主要区别如下：

(1) 对于函数调用，实参与形参在结合时，先计算实参表达式的值，并传送给形参。宏调用时，仅进行简单的字符替换，并且是在程序编译之前完成的。

(2) 宏参数没有类型问题。

(3) 宏调用是在编译之前进行的，不需要占用内存，节省了内存和运行时间。函数调用需要临时保存现场数据和函数返回地址等数据，效率低于宏调用。

(4) 函数可以实现任何复杂的操作过程，而宏只能完成简单的操作。

9.2　文件包含

文件包含是 C 预处理程序的另一个重要功能，文件包含命令可以将另一个文件的全部内容包含到当前文件中，其命令形式为

　　　#include <文件名>

或

　　　#include "文件名"

如果文件名两边使用尖括号，则系统将在为 include 命令设置的目录下查找包含的文件。若使用双引号，则先在当前工作目录下查找文件，找不到该文件时，再到系统设置的目录下查找。

C 语言编译系统中有许多以 .h 为扩展名的文件，它们被称为头文件。在使用 C 语言编译系统提供的库函数进行程序设计时，通常需要在源程序中包含进来相对应的头文件。比如，使用输入/输出库函数时，应使用标准输入/输出头文件 #include <stdio.h>，使用数学函数编写程序时，应使用数学函数头文件 #include <math.h>。

文件包含还常常被应用于大规模程序的设计中，将多个模块公用的符号常量或宏定义等单独组成一个文件，在其它文件的开头用包含命令包含该文件即可使用，以避免在每个文件开头都书写那些公用量，从而节省了时间，并减少了出错。但如果包含文件中定义有全局变量，则有可能与当前文件定义的全局变量发生冲突，应该引起注意。

9.3　条件编译

条件编译指令将决定哪些代码被编译，而哪些是不被编译的。可以根据表达式的值或者某个特定的宏是否被定义来确定编译条件。

1. #if 指令

#if 指令检测跟在关键字后的常量表达式，如果表达式为真，则编译后面的代码，直到出现 #else、#elif 或 #endif 为止；否则就不编译。

2. #endif 指令

#endif 指令用于终止 #if 预处理。

【例 9.3】 #endif 指令的使用。

程序代码:

```
#define DEBUG 0
include "stdio.h"
main()
{
    #if DEBUG
        printf("Debugging/n");
    #endif
        printf("Running/n");
}
```

分析: 由于程序定义 DEBUG 宏代表 0, 所以 #if 条件为假, 不编译后面的代码, 直到 #endif, 程序直接输出 Running。如果去掉 #define 语句, 效果是一样的。

3. #ifdef 和 #ifndef 指令

【例 9.4】 #ifdef 和 #ifndef 指令的使用。

程序代码:

```
#define DEBUG
main()
{
    #ifdef DEBUG
        printf("yes/n");
    #endif
    #ifndef DEBUG
        printf("no/n");
    #endif
}
```

#ifdefined 等价于 #ifdef; #if!defined 等价于 #ifndef。

4. #else 指令

#else 指令用于某个 #if 指令之后, 当前面的 #if 指令的条件不为真时, 就编译 #else 后面的代码。#endif 指令用于中止上面的条件块。

【例 9.5】 #else 指令使用。

程序代码:

```
#define DEBUG
main()
{
```

```
#ifdef  DEBUG
    printf("Debugging/n");
#else
    printf("Notdebugging/n");
#endif
    printf("Running/n");
}
```

5. #elif 指令

#elif 预处理指令综合了#else 和 #if 指令的作用。

【例 9.6】 #elif 指令的使用。

程序代码：

```
#define TWO
main()
{
    #ifdef   ONE
        printf("1/n");
    #elifdefined   TWO
        printf("2/n");
    #else
        printf("3/n");
    #endif
}
```

运行结果：

```
2
```

6. #error 指令

#error 指令将使编译器显示一条错误信息，然后停止编译。

#error message：编译器遇到此命令时停止编译，并将参数 message 输出。该命令常用于程序调试。

#error 指令的语法格式为

```
#error token-sequence
```

编译程序时，只要遇到 #error 就会跳出一个编译错误，其目的是保证程序是按照你所设想的进行编译的。

例如，程序中往往有很多的预处理指令：

```
#ifdef   XXX
...
#else
#endif
```

当程序比较大时，往往有些宏定义是在外部指定的(如 makefile)，或是在系统头文件中指定的，当不太确定当前是否定义了 XXX 时，就可以改成如下这样进行编译：

```
#ifdef   XXX
...
#error "XXX has been defined"
#else
#endif
```

这样，如果编译时出现错误，输出了 XXX has been defined，表明宏 XXX 已经被定义了。其实就是在编译的时候输出编译错误信息 token-sequence，从而方便程序员检查程序中出现的错误。

【例 9.7】 一个简单的例子。

程序代码：

```
#include "stdio.h"
int main(int argc, char* argv[])
{
    #define CONST_NAME1 "CONST_NAME1"
    printf("%s/n",CONST_NAME1);
    #undef CONST_NAME1
    #ifndef CONST_NAME1
    #error No defined Constant Symbol CONST_NAME1
    #endif
    ...
    return 0;
}
```

在编译的时候输出如下信息：

```
fatal error C1189: #error : No defined Constant Symbol CONST_NAME1
```

7. #pragma 指令

#pragma 指令没有正式的定义，编译器可以自定义其用途。其典型的用法是禁止或允许某些烦人的警告信息。在所有的预处理指令中，#pragma 指令可能是最复杂的了，它的作用是设定编译器的状态或者是指示编译器完成一些特定的动作。#pragma 指令对每个编译器给出了一个方法，在保持与 C 和 C++ 语言完全兼容的情况下，给出主机或操作系统专有的特征。

依据定义，编译指示是机器或操作系统专有的，且对于每个编译器都是不同的。其格式一般为

```
#pragma   para
```

其中 para 为参数。

下面来看一些常用的 para 参数：

(1) message 参数。message 参数能够在编译信息输出窗口中输出相应的信息，这对于源代码信息的控制是非常重要的。其语法格式为：

```
#pragma message("消息文本")
```

当编译器遇到这条指令时就在编译输出窗口中将消息文本打印出来。

例如，当我们在程序中定义了许多宏来控制源代码版本的时候，有可能会忘记有没有正确设置这些宏，此时可以用这条指令在编译的时候就进行检查。假设我们希望判断自己有没有在源代码的某处定义了_X86 这个宏，可以用下面的方法:

```
#ifdef  _X86
    #pragma  message("_X86  macro  activated!")
#endif
```

如果定义了_X86 这个宏，应用程序在编译时就会在编译输出窗口里显示"_86 macro activated!"。这样该宏有无定义就很清楚了。

(2) code_seg 参数。该参数用得比较多，其语法格式为

```
#pragma code_seg( ["section-name" [, "section-class"] ] )
```

它能够设置程序中函数代码存放的代码段，当开发驱动程序的时候就会使用到它。

(3) once 参数。该参数比较常用，其语法格式为

```
#pragma once
```

只要在头文件的最开始加入这条指令，就能够保证头文件被编译一次。这条指令实际上在 VC6 中就已经有了，但是考虑到兼容性并没有太多地使用它。

(4) hdrstop 参数。其语法格式为

```
#pragma hdrstop
```

它表示预编译头文件到此为止，后面的头文件不进行预编译。BCB 可以预编译头文件以加快链接的速度，但如果所有头文件都进行预编译又可能占太多磁盘空间，所以使用这个选项可排除一些头文件。有时单元之间有依赖关系，比如单元 A 依赖单元 B，所以单元 B 要先于单元 A 编译，这时可以用#pragma startup 指定编译优先级，如果使用了 #pragma package(smart_init)，BCB 就会根据优先级的大小先后编译。

(5) resource 参数。其语法格式为

```
#pragma resource"*.dfm"
```

它表示把*.dfm 文件中的资源加入工程。*.dfm 中包括窗体外观的定义。

(6) warning 参数，其语法格式为

```
#pragma  warning( disable: 4507 34; once: 4385; error: 164)
```

它等价于

```
#pragma  warning(disable: 4507 34)        // 不显示 4507 和 34 号警告信息
#pragma  warning(once: 4385)              // 4385 号警告信息仅报告一次
#pragma  warning(error: 164)              // 把 164 号警告信息作为一个错误
```

同时这个 pragma warning 也支持如下格式:

```
#pragma warning(pop)
```

表示向栈中弹出最后一个警告信息，在入栈和出栈之间所做的一切改动取消。例如:

```
#pragma  warning(push)
#pragma  warning(disable: 4705)
#pragma  warning(disable: 4706)
```

```
#pragma  warning(disable: 4707)
//...
#pragma  warning(pop)
```

在这段代码的最后，重新保存所有的警告信息(包括 4705、4706 和 4707)。

这里 n 代表一个警告等级(1～4)。

```
#pragma warning(push)
```

表示保存所有警告信息的现有的警告状态。

```
#pragma warning(push, n)
```

表示保存所有警告信息的现有的警告状态，并且把全局警告等级设定为 n。

(7) comment 参数。其语法格式为

```
#pragma  comment(...)
```

它表示将一个注释记录放入一个对象文件或可执行文件中。常用的 lib 关键字，可以帮我们连入一个库文件。例如：

```
#pragma  comment(lib, "comctl32.lib")
#pragma  comment(lib, "vfw32.lib")
#pragma  comment(lib, "wsock32.lib")
```

每个编译程序都可以用#pragma 指令激活或终止该编译程序支持的一些编译功能。

例如，对循环优化功能：

```
#pragma  loop_opt(on)     //激活
#pragma  loop_opt(off)    //终止
```

有时，程序中有些函数会使编译器发出一些用户熟知而想忽略的警告，如 "Parameter xxx is never used in function xxx"，这时可以这样做：

```
#pragma  warn  -100
// Turn  off  the  warning  message  for  warning  #100
int  insert_record(REC  *r)
{
    /*  function body  */
}
#pragma  warn  +100
//Turn  the  warning  message  for  warning  #100  back  on
```

函数会产生一条有唯一特征码 100 的警告信息，如此可暂时终止该警告。

每个编译器对#pragma 的实现均不同，在一个编译器中有效而在别的编译器中几乎无效，可从编译器的文档中查看。

本 章 小 结

本章主要介绍了以下内容：

1. 预处理功能是 C 语言特有的功能，它是在对源程序正式编译前由预处理程序完成

的。程序员在程序中用预处理命令来调用这些功能。

2. 宏定义是用一个标识符来表示一个字符串，这个字符串可以是常量、变量或表达式。在宏调用中将用该字符串代换宏名。

3. 宏定义可以带有参数，宏调用时是以实参代换形参，而不是"值传送"。

4. 为了避免宏代换时发生错误，宏定义中的字符串应加括号，字符串中出现的形式参数两边也应加括号。

5. 文件包含是预处理的一个重要功能，它可用来把多个源文件连接成一个源文件进行编译，结果将生成一个目标文件。

6. 使用预处理功能便于程序的修改、阅读、移植和调试，也便于实现模块化的程序设计。

实　　训

分析下列程序，试写出运行结果，并上机验证。

(1) 程序一：

```c
#include <stdio.h>
#define M 1000
void main( )
{
    int s;
    s=M+100;
    printf("\n 两数和= %d", s);
    s=M-100;
    printf("\n 两数差=%d", s);
}
```

(2) 程序二：

```c
#include <stdio.h>
#define M(x) x*x            /*本行改为 #define    M(x) (x)*(x)，结果怎样? */
void main( )
{
    int  s;
    s=M(2+3);
    printf("s=%d\n", s);
}
```

第 10 章　结构体与共用体

　　数组是同类型数据元素的集合,用于解决大量同类型数据处理问题。但在实际应用中,通常要处理的对象只用一种简单的数据类型是不能完整描述的,可能要处理多种类型结合在一起的复杂的数据结构,例如对学生基本情况的描述,包含学号、姓名、考试成绩、平均成绩等等,这些构成学生属性的数据并不属于同一类型。如果用简单变量来分别代表各个属性,将难以反映出它们的内在联系,而且程序冗长难读,用数组又无法容纳不同类型的元素。为此,C 语言提供了一种称为结构体的构造数据类型,用于解决上述问题,与之相近的另一种数据类型为共用体,此外枚举类型也是一种构造类型。本章将针对结构体数据类型的定义、结构体类型变量的引用、结构体数据和指针逐一讨论。

10.1　一个结构体的例子

　　【例 10.1】　一个学生的基本情况包括学号、姓名、两科的成绩和平均成绩,用结构体类型变量输入学生的学号、姓名和两科的成绩,输出此学生的基本信息及平均成绩。

　　解题思路:学生的信息由五个数据项组成,它们的数据类型不尽相同,但同属于一个学生,因此需把这些数据项用结构体的方式有机结合起来形成一个整体,才能将学生作为一个操作对象来进行描述。

　　程序代码:

```
#include <stdio.h>
#include <string.h>
struct student              /*定义学生结构体数据类型*/
{
    int num;                /*学号用整型数表示*/
    char name[10];          /*姓名用字符型数组表示*/
    int score[2];           /*两科成绩用整型数组表示*/
    float aver;             /*平均分用实型数表示*/
};
void main()
{
    struct student stu;         /*定义变量 stu 为学生结构体类型*/
    stu.num=10001;              /*为变量的学号赋值*/
    strcpy(stu.name, "Jones");  /*为变量的姓名赋值*/
    stu.score[0]=78;            /*为变量的两科成绩赋值*/
```

```
        stu.score[1]=75;
        stu.aver=(stu.score[0]+stu.score[1])/2.0;            /*求变量的平均分*/
        printf("%d\n", stu.num);
        printf("%s\n", stu.name);
        printf("%d, %d\n", stu.score[0], stu.score[1]);
        printf("%f\n", stu.aver);
    }
```

运行结果：

　　10001

　　Jones

　　78,75

　　76.500000

　　说明：结构体类型是用户自己定义的数据类型，是构造数据类型，结构体类型变量也同样遵循先定义后使用的原则。

10.2　结构体的定义与引用

10.2.1　结构体类型的定义

　　结构体是一个用同一名字引用的变量集合体，它提供了将相关信息组合在一起的手段。结构体是用户自定义的数据类型，结构体定义也就是定义结构体名字和组成结构体的成员属性，是建立一个可用于定义结构体类型变量的模型。

　　结构体类型定义的一般形式为

```
    struct  结构体名
    {
        类型    成员变量名;
        类型    成员变量名;
        ...
    };
```

　　注意：定义最后使用分号结束。构成结构体的每一个类型变量称为结构体成员，它像数组的元素一样，但数组中元素是以下标来访问的，而结构体是按成员变量名字来访问成员的。定义一个结构体类型与定义一个变量不同，定义结构体时系统不会分配内存单元来存放各数据项成员，而是告诉系统它由哪些类型的成员构成，各是什么数据类型，并把它们当作一个整体来处理。

　　例如，一个结构体类型 student 的定义：

```
    struct student
    {
        int num;
```

```
        char name[10];
        int score[2];
        float aver;
    };
```

其中，struct 是定义结构体类型的关键字，student 是结构体类型的名字，4 个成员变量组成一个结构体类型(student)。结构体类型定义了之后，student 相当于系统提供的 int、float 和 char 等类型说明符。

10.2.2　结构体变量的定义及初始化

1. 结构体变量的定义

通过用户定义的结构体类型 student 来定义结构体变量，系统为结构体变量分配存储单元，可以将数据存放在结构体变量单元中。结构体变量的定义可以采用下面三种方法：

(1) 在定义了一个结构体类型之后定义结构体变量。例如：

```
    struct student
    {
        int num;
        char name[10];
        int score[2];
        float aver;
    };
    struct student stu1,stu2;
```

其中定义了两个结构体变量 stu1、stu2，它们是已定义的 student 结构体类型，系统为每个结构体变量分配存储单元。使用 student 结构体类型定义结构体变量时，要在前面加上 struct 关键字。

(2) 在定义了一个结构体类型的同时定义结构体变量。例如：

```
    struct student
    {
        int num;
        char name[10];
        int score[2];
        float aver;
    }stu1, stu2;
```

(3) 直接定义结构体类型的变量。例如：

```
    struct
    {
        int num;
        char name[10];
        int score[2];
```

```
        float aver;
    }stu1, stu2;
```

　　如果直接定义了 stu1 和 stu2 两个结构体变量，结构体类型的名字可以缺省。在内存中，stu1 占连续的一片存储单元，可以用 sizeof(student)表达式测出一个结构体类型数据的字节长度。

　　在结构体定义中可使用已定义过的结构体类型。结构体类型不允许嵌套定义，但可以在结构体成员表中出现另一个结构体类型变量定义，而不能出现自身结构体变量定义。例如：

```
        struct time
        {
            int house;
            int min;
            int sec;
        };
        struct date
        {
            int year;
            int month;
            int day;
            struct time t;
        };
```

　　在 date 结构体类型的定义中使用"struct time t;"定义结构体变量是合法的。下面的嵌套定义是非法的：

```
        struct date
        {
            int year;
            int month;
            int day;
            stuct time
            {
                int house;
                int min;
                int sec;
            };
        };
```

　　下面的递归定义也是不允许的：

```
        struct date
        {
            int year;
```

```
    int month;
    int day;
    stuct date d;
};
```

2. 结构体变量的初始化

结构体变量的初始化规则与数组相同。例如：

```
struct student
{
    int num;
    char name[10];
    int score[2];
    float aver;
};
struct student stu1={10001,"Liming",{78,86},0};
```

10.2.3　结构体变量的使用

结构体类型变量的使用同其他类型变量一样，先定义后使用，但因结构体类型变量中有不同类型的成员，所以对结构体变量的使用从本质上来讲是对结构体变量成员的使用。

结构体变量包含多个成员，使用结构体成员时必须通过成员运算符(.)，如 stu1.aver。成员运算符的运算优先级别最高，与圆括号级别相同。可以对结构体变量的成员进行各种有关的操作，可以将结构体成员看做简单变量。

【例 10.2】　结构体成员的使用。

解题思路：结构体变量与它的成员之间以成员运算符分开，并把它作为一个"变量"来使用。

程序代码：

```
#include <stdio.h>
#include <string.h>
struct student
{
    int num;
    char name[10];
    int score[2];
    float aver;
};
void main()
{
    struct student stu;
    stu.num=10001
```

```
        strcpy(stu.name, "Liming");
        stu.score[0]=78;
        stu.score[1]=75;
        stu.aver=(stu.score[0] + stu.score[1])/2.0;
        printf("%d\n", stu.num);
        printf("%s\n", stu.name);
        printf("%d, %d, %d\n", stu.score[0], stu.score[1]);
        printf("%f\n", stu.aver);
    }
```

运行结果：

10001

Liming

78, 75, 87

80.000000

10.3　结构体数组与结构体指针

10.3.1　结构体数组

一个结构体变量只能存放一个对象的一组相关信息，而结构体数组可以存放多个同类型对象的信息。上一节定义的结构体类型只能存放一名学生的信息，如果使用结构体数组就可以存放多名学生信息。

定义结构体数组与定义一个一般的结构体变量一样，可采用直接定义、同时定义或先定义结构体类型再定义结构体变量的方法。下面是含有 30 名学生成绩的结构体数组的定义。

方法一：直接定义法。

```
    struct
    {
        int num;
        char name[10];
        int score[2];
        float aver;
    }stu[30];
```

方法二：同时定义结构体类型和结构体数组。

```
    struct student
    {
        int num;
        char name[10];
```

```
    int score[2];
    float aver;
}stu[30];
```

方法三：先定义结构体类型再定义结构体变量。

```
struct student
{
    int num;
    char name[10];
    int score[2];
    float aver;
};
struct student stu[30];
```

　　结构体数组的每个元素相当于一个结构体变量，包括结构体中的各个成员项，它们在内存中也是连续存放的。结构体数组的应用非常普遍，它的初始化与二维数组的初始化类似，只是第二层花括号内的值为对应于结构体中各成员的不同数据类型的值。例如：

```
struct student stu[2]={{101,"Liming",{75,87},0},{102,"Wangli",{70,80},0}};
```

　　定义了结构体数组以后，就可通过结构体数组元素访问其成员。例如，结构体数组 stu 中第二名学生的平均成绩为 stu[1].aver。

　　【例 10.3】　计算全班每个学生两门课的平均考试成绩，并在屏幕上显示学生学号、姓名及其平均成绩。假设全班共有 5 名学生。

　　解题思路：把学生的信息定义为结构体类型，要处理的多名学生的信息属同一结构体类型，所以用学生结构体类型数组的方式解此题。

　　程序代码：

```
#include <stdio.h>
#define N 5
void main()
{
    struct student
    {
        int num;
        char name[10];
        int score[2];
        float aver;
    }stu[N];
    int i;
    printf("输入%d 名学生姓名及 2 门考试成绩。\n",N);
    for(i=0; i<N; i++)
    {
        printf("学号：");
```

```
                scanf("%d", &stu[i].num);
                printf("姓名：");
                scanf("%s", stu[i].name);
                printf("成绩 1，成绩 2: ");
                scanf("%d, %d", &stu[i].score[0], &stu[i].score[1]);
                stu[i].aver = (stu[i].score[0] + stu[i].score[1])/2.0;
            }
            for(i=0; i<N; i++)
                printf("%d, %s, %f\n", stu[i].num, stu[i].name, stu[i].aver);
        }
```

10.3.2　结构体指针

可以定义一个指针变量指向一个结构体变量。结构体指针的定义与其它结构体变量的定义方法相同，只需在指针变量前加上符号"*"即可。

例如：定义结构体类型为

```
        struct student
        {
            int num;
            char name[10];
            int score[2];
            float aver;
        };
```

则结构体变量 stu 和结构体指针变量 p 可定义为

```
        struct student stu, *p;
```

下面为结构体指针变量赋值，p 指向结构体变量 stu，p=&stu;用结构体指针访问结构体成员有两种方法：

(1) 显示法，如(*p).name、(*p).score[0]、(*p).aver 等。(*p).name 中的圆括号不能省略，不能写成 *p.name，因为成员运算符的优先级高于指针运算符。

(2) 使用结构体成员运算符"->"。"->"和"."均为结构体成员运算符，"."只能用于结构体变量，"->"只能用于结构体指针，不能混用。当 p 指向 stu 后，stu.name、(*p).name 和 p->name 三种表示形式是等价的。

下面举例说明。

【例 10.4】 应用结构体指针处理学生的基本信息。

程序代码：

```
        #include <stdio.h>
        void main()
        {
            struct student
```

```
    {
        int num;
        char name[10];
        int score[2];
        float aver;
    }stu,*p;
    p=&stu;
    scanf("%d", &p->num);
    scanf("%s", p->name);
    scanf("%d, %d", &p->score[0], &p->score[1]);
    p->aver=(p->score[0]+ p->score[1])/2.0;
    /*  下面分别使用两种结构体成员运算符输出数据   */
    printf("num:%d\n", p->num);
    printf("name:%s\n", p->name);
    printf("score[0]=%d, score[1]=%d\n", p->score[0], p->score[1]);
    printf("aver=%f\n", p->aver);
    printf("num:%d\n", (*p).num);
    printf("name:%s\n", (*p).name);
    printf("score[0]=%d, score[1]=%d\n", (*p).score[0], (*p).score[1]);
    printf("aver=%f\n", (*p).aver);
    }
```

运行结果：

输入：

　　10001

　　Liming

　　70,80

输出：

　　10001

　　Liming score(0)=70,score(1)=80 aver=75.000000

　　10001

　　Liming score(0)=70,score(1)=80 aver=75.000000

10.4　链　　表

　　结构体数组简单实用，但数组元素的物理地址是连续的，如果要在指定位置完成插入或删除一个元素的操作是很麻烦的，它需要移动后面多个元素，而且数组大小也不能改变。为解决这个问题，这里引入了链表数据结构。链表的存储结构是一种动态的数据结构，其特点是它包含的数据对象的个数及其相互关系可以按需要改变，存储空间是程序根据需要在程序运行过程中向系统申请获得的，链表也不要求逻辑上相邻的元素在物理位置上也相邻，它没有顺序存储结构所具有的缺点。

链表由一系列结点(链表中为每一个元素申请的内存单元)组成，结点可以在运行时动态生成。每个结点包括两个部分：一个是存储数据元素的数据域，另一个是存储下一个结点地址的指针域。使用链表处理数据信息时，不用事先考虑应用中元素的个数，当需要插入或删除元素时可以随时申请或释放内存，并且不用移动其它元素。

10.4.1　链表概述

链表结构中的每一个元素都使用动态内存(堆内存)，可以根据需要临时申请或释放，各个元素不需要连续的存储单元。链表结构中将为每一个元素申请的内存单元称为结点。假定将结点结构类型定义如下：

```
struct list
{
    int num;        /* 学号 */
    int score;      /* 成绩 */
    struct list *next;
};
```

上述语句用结点类型 list 建立一个链表 listhead，链表中每个结点存放学生的学号(num)和考试成绩(score)。下面先为第一名学生建立含有一个结点的链表，程序如下：

```
struct list *p,*listhead,*listp;
p=(struct list*)malloc(sizeof(struct list));
listhead=p;
listp=p;
listp->next=NULL; listp->num=5; listp->score=86;
```

其中，sizeof(struct list)为结点内存大小的字节数，用 malloc 函数申请的动态内存返回地址是 void(无值型的)，因此必须通过(struct list*)进行强制类型转换。p 是指向新申请结点的指针，listp 总是指向链表当前结点 listp=p，在后面继续插入其它结点时使用，是不可缺少的。listp->next=NULL 说明当前结点为链表的最后一个结点，NULL 为链表尾标志。listhead 为链表的头指针，总是指向链表中的第一个结点。

下面继续在链表尾部插入第二名学生的结点，程序如下：

```
p=(struct list*)malloc(sizeof(struct list));
listp->next=p;
listp=p;
listp->next=NULL; listp->num=3; listp->score=78;
```

如果继续在链表尾部插入其他学生的结点，则操作程序是一样的。下面的程序完成了第三名学生结点的插入：

```
p=(struct list*)malloc(sizeof(struct list));
listp->next=p;
```

listp=p;

listp->next=NULL; listp->num=9; listp->score=80;

到此为止，我们已经建立了一个包含三个结点的链表，每一个结点存放一名学生的数据，并用一个指针指向下一个结点，最后一个结点的指针指向空 NULL。图 10-1 是该链表的结构示意图。

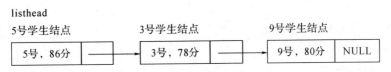

图 10-1 链表结构示意图

该链表是单向的，各个结点单元也不连续，只能通过当前结点的指针 listp->next 查找下一个(后面的)结点，不能如数组那样直接处理指定位置的数据，必须通过头指针 listhead 逐个查找各个结点的数据信息。链表结构最大的优点是在指定结点处可插入新结点，或者删除指定的结点，操作十分简单。

下面通过一个简单的链表程序来初步了解链表的数据结构。

【例 10-5】 使用链表结构输入/输出 5 名学生的学号和考试成绩。

解题思路：首先建立链表结点数据类型 struct list，其中应包括数据域和指针域两个部分；然后定义头结点 listhead，指针域指向 NULL；再依次在链表尾部插入结点，每建立一个结点，都要向数据域中输入数据。输出时，从头结点开始，直至当前结点的指针域指向 NULL。

程序代码：

```
#include <stdio.h>
#include <stdlib.h>
struct list
{
    int num;            /* 学号 */
    int score;              /* 成绩 */
    struct list *next;
};
void main()
{
    int k;
    struct list *p,*listhead,*listp;
    for(k=1; k<=5; k++)
    {
        p=(struct list*)malloc(sizeof(struct list));
        if(k==1)
            listhead=p;
        else
```

```
            listp->next=p;
            listp=p;
            listp->next=NULL;
            printf("输入第  %d 名学生学号和成绩: ",k);
            scanf("%d, %d", &listp->num, &listp->score);
        }
        /*下面输出各个结点数据*/
        p=listhead;
        while(p!=NULL)
        {
            printf("%d  号学生成绩=%d  分\n", p->num, p->score);
            p=p->next;
        }
        /*下面的程序将释放链表中各个结点的内存空间*/
        p=listhead;
        while(p!=NULL)
        {
            listp=p;
            p=p->next;
        free(listp);
        }
    }
```

运行结果：

输入第	1	名学生学号和成绩：5,78
输入第	2	名学生学号和成绩：7,82
输入第	3	名学生学号和成绩：4,87
输入第	4	名学生学号和成绩：1,80
输入第	5	名学生学号和成绩：6,92

　　5 号学生成绩=78 分

　　7 号学生成绩=82 分

　　4 号学生成绩=87 分

　　1 号学生成绩=80 分

　　6 号学生成绩=92 分

10.4.2　链表的基本操作

　　为了进一步掌握链表的使用方法，下面结合具体的程序来介绍链表最常用的基本操作，包括建立链表、输出链表中所有结点数据的信息、在链表中插入一个结点和删除链表中的某个结点。

【例 10.6】　使用链表结构处理学生的考试成绩，实现链表最基本的操作。

本例中假定每个结点只存放一名学生的考试成绩，成绩为非负整数。结点类型定义如下：

```
struct list
{
    int data;        /* 为了简单，假设一个结点只存放一名学生的成绩(非负整数) */
    struct list *next;
};
```

下面分别是实现链表各种基本操作的函数程序。

1. 建立链表

建立一个单向链表，从键盘逐个输入每名学生的考试成绩，当输入 –1 时结束，并返回链表头指针(第一个结点的地址)。设 listhead 为函数返回的链表头指针，p 为新结点指针，listp 为链表操作的当前指针。建立链表函数如下：

```
struct list *create(void)
{
    struct list *listhead, *p, *listp;
    int x;
    listhead=NULL;
    printf("输入成绩：");
    scanf("%d", &x);
    while(x!=-1)
    {
        if((p=(struct list*)malloc(sizeof(struct list)))==NULL)
        {
            printf("内存申请错误! \n");
            exit(0);
        }
        if(listhead==NULL)
            listhead=p;
        else
            listp->next=p;
        listp=p;
        listp->next=NULL;
        printf("输入下一个成绩(-1 结束)：");
        scanf("%d", &x);
    }
    return listhead;
}
```

2. 输出链表

输出链表就是将一个链表中各结点的数据依次输出。实现这个功能首先要将指针指向链表的首地址，输出一个结点数据后，将指针移到下一个结点，直到指针为空，程序如下：

```
void display(struct list *listhead)
{   struct list *p;
    if(listhead==NULL)
    {
        printf("链表为空! \n");
        return;
    }
    p=listhead;
    while(p!=NULL)
    {
        printf("%d\n", p->data);
        p=p->next;
    }
}
```

3. 在链表指定位置插入新结点

建立链表以后，可以在链表的任何位置插入新的结点。下面的函数假定将新结点插入到第 i 个位置(链表表头为第 1 个结点)，新结点插入后原来第 i 个结点成为第 i+1 个结点，后面其它结点类推。为了便于理解插入操作的函数程序，必须先明确掌握以下操作：

(1) 在当前结点 listp 后插入新结点 p 的操作。插入操作前，listp 指向存放成绩 A 的结点，其下一个是存放成绩 B 的结点，如图 10-2 所示。

图 10-2　插入新结点前链表结构示意图

现在，p 是指向新结点的指针，新结点存放成绩 C。在 listp 结点后插入新结点需要使用下面两条语句来完成：

```
p->next=list->next;
listp->next=p;
```

必须先将 listp 的下一个结点地址保存在新结点 p 的指针 p->next 中，使得 listp 的下一个结点成为新结点的下一个结点。然后，将新结点地址存放到 listp 结点的指针 listp->next 中，使得 listp 结点的下一个结点为 p 指向的新结点，如图 10-3 所示。

图 10-3　插入新结点后链表结构示意图

　　(2) 确定插入位置前一个结点的地址，并验证插入位置的有效性。根据前面插入操作的特点，要将新结点插入到链表中第 i 个位置，必须先确定第 i−1 个结点的地址，可以用下面的控制循环次数的方法解决。

```
if(i<1)
    printf("插入位置错，不能小于 1\n");
    k=1;
    listp=listhead;
while(listp!=NULL && k<i-1)
{
    listp=listp->next;
    k=k+1;
}
if(k<i-1)
    printf("插入位置不能大于%d\n", k);
```

　　因为链表头指针指向的是第 1 个结点，所以插入位置不能小于 1。如果循环结束后 k < i−1 成立，说明 listp 还没有指向第 i−1 个结点时链表就已经到尾部了，因此无法完成插入操作。

　　如果插入位置有效，最后 listp 将指向插入位置的前一个结点。

　　(3) 在链表表头位置插入新结点(i = 1)。当插入位置 i > 1 时，可以先确定第 i−1 个结点(前一个结点)的地址，然后完成插入新结点的操作。如果插入新结点的位置 i = 1，那么无法按照前面方法查找到前一个结点的地址，因此必须进行单独的特别处理，过程如下：

```
p->next=listhead;
listhead=p;
```

插入新结点的函数程序如下：

```
struct list *insert(struct list *listhead)
{
    struct list *p,*listp;
    int k,x,i;
    /* 输入插入结点数据 */
    printf("输入新插入结点的数据和位置： ");
    scanf("%d,%d",&x,&i);
    /* 如果链表为空 */
    if(listhead==NULL)
    {
        printf("链表还没有建立! \n");
        return listhead;
    }
    k=1;
    listp=listhead;
```

```
            while(listp!=NULL && k<i-1)
            {
                listp=listp->next;
                k=k+1;
            }
            if(k<i-1 || i<1)
                printf("插入位置必须大于 0，小于%d\n",k+1);
            else
            if(i==1)
            {
                if((p=(struct list*)malloc(sizeof(struct list)))==NULL)
                {
                    printf("内存申请错误！\n");
                    exit(0);
                }
                p->data=x;
                p->next=listhead;
                listhead=p;
            }
            else
            {
                if((p=(struct list*)malloc(sizeof(struct list)))==NULL)
                {
                    printf("内存申请错误！\n");
                    exit(0);
                }
                p->data=x;
                p->next=listp->next;
                listp->next=p;
            }
            return listhead;
    }
```

4. 删除链表中的某个结点

首先在函数中输入待删除结点的序号 i，然后通过下面的循环程序查找第 $i-1$ 个结点的地址，并用 listp 指向它。

```
        k=1;
        listp=listhead;
        while(listp!=NULL && k<i-1)
        {
```

```
        listp=listp->next;
        k=k+1;
    }
```

循环结束后，可以根据 i 和 k 的值按下面三种情况分别处理：

① 当 i < 1 或 k < i−1 时，链表中不存在第 i 个结点，无法完成删除操作。

② 当 i=1 时，将删除的是表头结点，需要进行下面的特别处理：

```
    p=listhead;          /* p 指向第 1 个表头结点*/
    listhead=p->next;    /*第 2 个结点变为第 1 个结点，原来第 1 个结点脱链*/
    free(p);             /*释放删除结点的内存*/
```

③ 当 i > 1 并且 k≥i−1 时，listp 已经指向第 i−1 个结点，再用 p 指向第 i 个要删除的结点，然后将第 i 个结点从链中解除(脱链)，最后释放删除结点的内存，程序如下：

```
    p=listp->next;
    listp->next=p->next;
    free(p);
```

脱链操作前 p 指向的删除结点是 listp 指向结点的下一个结点，脱链后 p 指向结点的下一个结点变成 listp 指向结点的下一个结点。

删除函数的程序代码如下：

```
struct list *dele(struct list *listhead)
{
    struct list *p, *listp;
    int i, k;
    if(listhead==NULL)
    {
        printf("链表为空\n");
        return listhead;
    }
    printf("输入删除结点序号：");
    scanf("%d", &i);
    k=1;
    listp=listhead;
    while(listp!=NULL && k<i-1)
    {
        listp=listp->next;
        k=k+1;
    }
    if(k<i-1 || i<1)
        printf("删除结点序号必须大于 0，小于%d\n", k+1);
    else if(i==1)
    {
```

```
        p=listhead;        /*p 指向第 1 个结点*/
        listhead=p->next; /*第 2 个结点变为第 1 个结点，原来第 1 个结点脱链*/
        free(p);     /* 释放删除结点的内存*/
    }
    else if(i>1 && k>=i-1)
    {
        p=listp->next;
        listp->next=p->next;
        free(p);
    }
    return listhead;
}
```

链表操作的完整程序代码如下：

```
#include <stdlib.h>
#include <stdio.h>
struct list
{
    int data;
    struct list *next;
};
struct list * dele(struct list *head);
struct list * insert(struct list *head);
void display(struct list *head);
struct list * create();
struct list *deleall(struct list *listhead);    /*释放链表全部结点的内存*/
void main()
{
    int ch;
    struct list *head;
    head=NULL;
    while(1)
    {
        /*屏幕输出菜单的字符提示信息*/
        printf("1. 建立链表\n");
        printf("2. 插入结点\n");
        printf("3. 删除结点\n");
        printf("4. 显示结点\n");
        printf("0. 退出程序\n");
        printf("输入选择数字：");
```

```
        scanf("%d",&ch);
        switch(ch)
        {
            case 1: head=create(); break;
            case 2: head=insert(head); break;
            case 3: head=dele(head); break;
            case 4: display(head); break;
            case 0: head=deleall(head);
            /*程序结束前，需要释放链表中所有的结点内存*/
        }
        if(ch==0) break;
    }
}
struct list *create()
{
    struct list *listhead,*p,*listp;
    int x;
    listhead=NULL;
    printf("输入成绩：");
    scanf("%d",&x);
    while(x!=-1)
    {
        if((p=(struct list*)malloc(sizeof(struct list)))==NULL)
        {
            printf("内存申请错误！\n");
            exit(0);
        }
        if(listhead==NULL)
            listhead=p;
        else
            listp->next=p;
            listp=p;
            listp->data=x;
            listp->next=NULL;
            printf("输入下一个成绩(-1 结束)：");
            scanf("%d",&x);
    }
    return listhead;
}
```

```c
void display(struct list *listhead)
{
    struct list *p;
    if(listhead==NULL)
    {
        printf("链表为空！\n");
        return;
    }
    p=listhead;
    while(p!=NULL)
    {
        printf("%d\n",p->data);
        p=p->next;
    }
}
struct list *insert(struct list *listhead)
{
    struct list *p,*listp;
    int k, x, i;
    if(listhead==NULL)
    {
        printf("链表还没有建立！\n");
        return listhead;
    }
    /*输入插入结点数据*/
    printf("输入新插入结点的数据和位置： ");
    scanf("%d,%d",&x,&i);
    /*如果链表为空*/
    k=1;
    listp=listhead;
    while(listp!=NULL && k<i-1)
    {
        listp=listp->next;
        k=k+1;
    }
    if(k<i-1 || i<1)
        printf("插入位置为无效值\n");
    else if(i==1)
    {
```

```
        if((p=(struct list*)malloc(sizeof(struct list)))==NULL)
        {
            printf("内存申请错误! \n");
            exit(0);
        }
        p->data=x;
        p->next=listhead;
        listhead=p;
    }
    else
    {
        if((p=(struct list*)malloc(sizeof(struct list)))==NULL)
        {
            printf("内存申请错误! \n");
            exit(0);
        }
        p->data=x;
        p->next=listp->next;
        listp->next=p;
    }
    return listhead;
}
struct list *dele(struct list *listhead)
{
    struct list *p,*listp;
    int i,k;
    if(listhead==NULL)
    {
        printf("链表为空\n");
        return listhead;
    }
    printf("输入删除结点序号: ");
    scanf("%d",&i);
    k=1;
    listp=listhead;
    while(listp!=NULL && k<i-1)
    {
        listp=listp->next;
        k=k+1;
```

```
    }
    if(k<i-1 || i<1)
        printf("删除结点序号无效\n");
    else if(i==1)
    {
        p=listhead;              /*p 指向第 1 个结点*/
        listhead=p->next;        /*第 2 个结点变为第 1 个结点，原来第 1 个结点脱链*/
        free(p);                 /*释放删除结点内存*/
    }
    else if(i>1 && k>=i-1)
    {
        p=listp->next;
        listp->next=p->next;
        free(p);
    }
    return listhead;
}
struct list *deleall(struct list *listhead)
{
    struct list *p;
    p=listhead;
    while(p!=NULL)
    {
        listhead=p->next;
        free(p);
        p=listhead;
    }
    return p;
}
```

10.5　共　用　体

　　在进行某些 C 语言程序设计时，可能会需要使几种不同类型的变量存放到同一段内存单元中，使几个变量互相覆盖，也就是使用覆盖技术。这种几个不同的变量共同占用一段内存的结构，在 C 语言中，被称作共用体类型结构，简称共用体。使用共用体的目的，是节省存储空间，尤其对于大型数组，不同类型的几个变量共用同一地址单元，然后分阶段先后使用。共用体类型各成员变量所占用的内存空间，不是其所有成员所需存储空间的总和，而是其中所需存储空间最大的那个成员所占用的空间。由于计算机的发展非常迅速，内存容量越来越大，因此共用体的使用越来越少。现在，共用体主要应用于某些特殊的高级应用程序中。

10.5.1　共用体类型和共用体变量的定义

共用体类型的定义形式为

```
union 共用体名
{
    成员项表
};
```

共用体变量的定义形式为

```
union 共用体名
{
    成员项表
}
共用体变量名表;
```

或

```
union
{
    成员项表
}
共用体变量名表;
```

或

```
union  共用体名   共用体变量名表;
```

10.5.2　共用体成员变量的引用

共用体的定义形式与结构体的定义形式是一样的，但必须特别注意它与结构体的区别，特别是在使用共用体成员的过程中。假设定义了如下的共用体：

```
union student
{
    char name[10];
    int age;
    float score;
}x;
```

则 x 在内存中需占用 10 个字节的内存空间。

x.name 表示共用体变量 x 的字符型数组 name 的成员引用。x.age 表示共用体变量 x 的整型成员变量 age 的引用。x.score 表示共用体变量 x 的实型成员变量 score 的引用。

共用体变量中的各成员不能同时使用，起作用的成员只能是最后一次存放数据的成员，存放进一个新成员的值后，原来的成员就失去作用了。例如有下列语句：

```
x.score=78.5;
x.age=23;
printf("age=%d, score=%f\n", x.age, x.score);
```

则在执行完上述语句之后，只有 x.age 的值正常输出 23，而 x.score 的值无效，即不是 78.5。
还必须注意。即使是两个同类型的共用体变量，它们之间也不能相互赋值；共用体变量不
能作为函数的参数；共用体指针可以作为函数参数，其用法与结构体指针类似；在共用体
定义中，可以使用结构体类型。

【例 10.7】 共用体示例。

程序代码：

```
#include <stdio.h>
struct ctag
{
    char low;
    char high;
};
union utag
{
    struct ctag bacc;
    short wacc;
}uacc;
void main()
{
    uacc.wacc=(short)0x1234;
    printf("word value is : %04x\n",uacc.wacc);
    printf("high byte is : %02x\n",uacc.bacc.high);
    printf("low byte is : %02x\n",uacc.bacc.low);
    uacc.bacc.high=(char)0xFF;
    printf("word value is : %04x\n",uacc.wacc);
}
```

运行结果：

```
word value is : 1234 high byte is : 12
low byte is : 34
word value is : ff34
```

共用体的应用很多是在 C 语言的高级程序设计中，但使用并不复杂。

10.6 枚　　举

当一个变量只有几种可能的取值时，则可以定义为枚举类型的变量。一般的枚举类型

的定义的语法为

　　　enum　枚举标识符{常量列表};

　　例如，假定变量 m 的值是 up、down、before、back、left、right 六个方位之一，则可将其定义为下面的枚举类型的变量：

　　　enum direction

　　　{up，down，before，back，left，right }m;

其中 enum 为系统提供的定义枚举类型的关键字，direction 为用户定义的枚举名，up、down、before、back、left、right 为枚举元素，它们是常量，可以直接引用。C 编译系统按元素定义的顺序规定它们的值，up 为 0，down 为 1，before 为 2，back 为 3，left 为 4，right 为 5。

　　另外，C 系统允许设定部分枚举常量对应的整数常量值，但是要求从左到右依次设定枚举常量对应的整数常量值，并且不能重复。例如：

　　　enum Direction{up，down=7，before，back=1，left，right};

则从第一个没有设定值的常量开始，其整数常量值为前一枚举常量对应的整数常量值加 1，即 up=0，down=7，before=8，back=1，left=2，right=3。

　　系统将枚举元素按常量处理，不能对其完成赋值操作，所以"up=1;"和"left=2;"都是错误的。对于枚举变量，也不能直接赋整数值，语句"m=1;"是错误的。

　　【例 10.8】 枚举类型示例。

　　程序代码：

```
#include <stdio.h>
enum direction
{up, down, before, back, left, right};
void main()
{
    enum direction a,b;
    a=down;
    b=right;
    printf("%d+%d=%d\n", a, b, a+b);
}
```

　　运行结果：

　　　1+5=6

10.7　typedef 声明

　　除了可以直接使用标准的类型符(如 int、char、float、double、unsigned long 等)和用户自定义的结构体、共用体等类型符外，用户还可以用 typedef 声明新的类型符。如：

　　　typedef int INTEGER;

　　　typedef float REAL;

　　这样，在定义变量类型时可以用 INTEGER 替代 int 说明符，用 REAL 替代 float 说明符。如：

    INTEGER i,j;

    REAL x,y;

  例如，声明结构体类型：

    typedef struct

    {

      char name;

      int score[3];

      float aver;

    }STUDENT;

其中，STUDENT 为新类型符，它不是结构体变量，可使用它定义结构体变量：

    STUDENT x;

  下面的语句是声明一种新的类型符，而不是定义一个字符数组：

    typedef char STRING[80];

  声明之后，可以用 STRING 直接定义字符数组：

    STRING dz1, dz2;

它与定义

    char dz1[80],d z2[80];

是等价的。

  typedef 是一个声明语句，不能定义新的数据类型。它通常将一些繁琐的说明符变得简洁、直观而易读。

本 章 小 结

  本章主要介绍了以下内容：

  1. 引入结构的体目的是把不同类型的数据组合成一个整体对象来处理。

  2. 结构体变量的使用与其它变量一样，要先定义后使用。在定义结构体类型时，系统不为各成员分配存储空间。结构体变量被定义说明后，虽然也可以像其它类型的变量一样运算，但是结构变体量以成员作为基本变量。结构体成员的表示方式为

    结构体变量.成员名

  在使用时，将"结构体变量. 成员名"看成一个整体，这个整体的数据类型与结构中该成员的数据类型相同。

  3. 结构体数组是具有相同结构类型的变量集合，结构体数组成员的访问是以数组元素为结构体变量的，其形式为

    结构体数组元素. 成员名

  可以把结构体数组看作一个二维结构，第一维是结构体数组元素，每个元素是一个结构体变量，第二维是结构体成员。

  4. 结构体指针是指向结构体的指针。它由一个加在结构体变量名前的"*"操作符来

定义。如：

  struct student   * stu

使用结构体指针对结构成员的访问方法是：

  结构指针名->结构成员

 5．数组在物理存储单元上是连续存放的，插入与删除等操作比较复杂，而链表可以解决此问题。链表由一系列结点组成，结点可以在运行时动态生成。每个结点包括两个部分：一个是存储数据元素的数据域，另一个是存储下一个结点地址的指针域。

  链表的基本操作包括结点的插入、删除及对结点的访问。

 6．共用体与结构体的定义和使用方法类似，但共用体是为节省数据占用的内存空间而采用的成员变量互相覆盖的技术，即某一时刻只有一个成员起作用。

 7．枚举类型用于解决某些变量的取值限定在一个有限的范围内的问题。枚举类型的定义中列出所有可能的取值。它是一种基本数据类型，而不是构造类型。

 8．typedef 仅是一个声明语句，只能声明类型符号，并不能定义新的数据类型。

实 训

 1．以下程序用于处理学生的基本信息，该信息包括出生年份和姓名。程序要求从键盘输入学生的数据，并输出成绩表。在读懂程序的基础上，上机运行验证，并 在/**/内填写相应的注释信息。

```
#include <stdio.h>
struct student
{
    int year;  /*              */
    char name[10];
};
void main()
{
    struct student st1;       /*              */
    scanf("%d",&st1.year); /*              */
    scanf("%s",st1.name);
    printf("name=%s year=%d\n",st1.name,st1.year) ;/*    */
}
```

 2．编写程序，用实训 1 所定义的学生的基本信息的结构类型，建立包括 3 名学生的数组，在定义的同时完成对数据的初始化；从这 3 名学生中查找闰年出生的学生，找到则输出基本信息，否则输出"无此数据"的信息。

 部分程序代码：

```
void main( )
{
```

```
    struct student st[3]={{2000,"zhang"},{1999,"li"},{1980,"zhao"}};
    int i;
    for(i=0;i<3;i++)
    if(st[i].year%4==0&&st[i].year%100!=0||st[i].year%400==0)
        printf("name=%s year=%d\n",st[i].name,st[i].year);
}
```

3. 试用结构体指针，重新编写实训 2 程序。

实训指导：用指针引用结构体变量成员有两种方法：一为显示法，用法为"(*指针变量).成员名"；二是采用成员运算符(->)，用法为"指针变量->成员名"。

4. 建立一个学生数据链表，每个结点数据域包括出生年份和姓名。对该链表作如下处理：(1) 输出所有学生的信息；(2) 把闰年出生的学生结点删除。(可参照 10.4.2 和 10.4.3 节内容)

实训指导：

(1) 在对链表结点结构定义时，注意包含数据域和指针域。

(2) 结点的申请要用到 malloc()函数；结点的删除要用到 free()函数。

(3) 建立链表，需定义链表头结点、链表当前结点和申请空间的结点指针。

(4) 访问链表时，从头结点开始，直至指针域为 NULL；用 p=p->next 的方式向后查询。

(5) 删除结点，用 q->next=p->next 方法删除 q 结点后面的结点 p。

第 11 章　文　件

在处理实际问题时，常常需要处理大量的数据，这些数据是以文件的形式存储在外部介质(如磁盘)上的，需要时从磁盘调入到计算机内存中，处理完毕后输出到磁盘上存储起来。本章重点讲解文件的处理方法。

11.1　文　件　概　述

11.1.1　文件的概念和类型

通常，"文件"是指存储在外部介质上的一组相关数据的集合。例如，程序文件是程序代码的集合，数据文件是数据的集合。每个文件都有一个名称，称为文件名。一批数据是以文件的形式存放在外部介质(如磁盘)上的，而操作系统以文件为单位对数据进行管理。也就是说，如果想寻找保存在外部介质上的数据，必须先按文件名找到指定的文件，然后再从该文件中读取数据。要向外部介质存储数据，也必须以文件名为标识先建立一个文件，才能向它输出数据。

在程序运行时，常常需要将一些数据(运行的最终结果或中间数据)输出到磁盘上存放起来，以后需要时再从磁盘输入到计算机内存，这就要用到磁盘文件。除磁盘文件外，操作系统把每一个与主机相连的输入/输出设备都看作文件来管理。比如，键盘是输入文件，显示屏和打印机是输出文件。

在 C 语言中，文件被看成是按字符(字节)的数据顺序组成的一种序列，并将它们按数据的组织方式分为二进制文件和 ASCII 码文件两种。二进制文件即把数据按二进制数直接存放的文件。

ASCII 码文件也称为文本文件，在磁盘文件中存放时每个字符对应一个字节，用于存放对应的 ASCII 码。例如，数 5678 的存储形式为

ASCII 码：	00110101	00110110	00110111	00111000
	↓	↓	↓	↓
十进制码：	5	6	7	8

共占用 4 个字节。

ASCII 码文件在屏幕上按字符显示，例如源程序文件就是 ASCII 码文件，因此能够读懂文件内容。

二进制文件是按二进制的编码方式来存放文件的。例如，数 5678 的存储形式为 00010110　00101110，只占两个字节。

二进制文件虽然也可在屏幕上显示，但其内容无法读懂。C 系统在处理这些文件时，并不区分类型，都看成是字符流，按字节进行处理。输入/输出字符流的开始和结束只由程序控制而不受物理符号(如回车符)的控制。因此也把这种文件称作"流式文件"。

11.1.2　文件指针

每个被使用的文件都在内存中开辟一个区域，用来存放文件的有关信息，这些信息是保存在一个结构体类型的变量中的，该结构体类型是由系统定义的，取名为 FILE。

对 FILE 这个结构体类型的定义是在 stdio.h 头文件中由系统完成的，只要程序用到一个文件，系统就为此文件开辟一个如上的结构体变量。有几个文件就开辟几个这样的结构体变量，分别用来存放各个文件的有关信息。这些结构体变量不用变量名来标识，而通过指向结构体类型的指针变量访问，这就是"文件指针"。

例如：

FILE *fp;

其中，fp 是指向 FILE 结构的指针变量，把 fp 称为指向一个文件的指针。

11.2　文件的基本操作

11.2.1　文件的打开和关闭

C 语言同其它语言一样，规定对文件进行读/写操作之前应该首先打开该文件，在操作结束之后应关闭该文件。

1. 文件的打开

标准输入/输出函数库提供 fopen 函数完成文件的打开操作，fopen 函数的用法为

FILE *fp;

fp=fopen(文件名，或文件操作方式);

文件操作方式见表 11-1。

表 11-1　文件操作方式

文件操作方式	含　　义	指定文件不存在时	指定文件存在时
r(只读)	打开一个文本文件(只读)	出错	正常打开
w(只写)	生成一个文本文件(只写)	建立新文件	原文件内容丢失
a(追加)	添加一个文本文件	建立新文件	原文件尾部追加数据
rb	打开一个二进制文件(只读)	出错	正常打开
wb	生成一个二进制文件(只写)	建立新文件	原文件内容丢失
ab	添加一个二进制文件	建立新文件	原文件尾部追加数据
r+	打开一个文本文件(读/写)	出错	正常打开
w+	生成一个文本文件(读/写)	建立新文件	原文件内容丢失

续表

文件操作方式	含　义	指定文件不存在时	指定文件存在时
a+	打开或生成一个文本文件(读/写)	建立新文件	原文件尾部追加数据
rb+	打开一个二进制文件(读/写)	出错	正常打开
wb+	生成一个二进制文件(读/写)	建立新文件	原文件内容丢失
ab+	打开或生成一个二进制文件(读/写)	建立新文件	原文件尾部追加数据

说明：

(1) 如果不能实现"打开"任务，fopen 函数将会带回一个出错信息，出错的原因可能是用"r"方式打开一个并不存在的文件，磁盘出故障，磁盘已满无法建立新文件等。此时 fopen 函数将带回一个空指针值 NULL。

(2) 在向计算机输入文本文件时，将回车换行符转换成一个换行符，在输出时把换行符转换成为回车和换行两个字符。在用二进制文件时，不进行这种转换，在内存中的数据形式与输出到外部文件中的数据形式完全一致，一一对应。

【例 11.1】　打开一个名为 texe .txt 的文件并准备写操作。

程序代码：

```
fp= fopen("text.txt", "w");
```

下面的用法比较常见：

```
if((fp=fopen("text", "w"))==NULL)
{
    printf("不能打开此文件 \ n");
    exit(1);
}
```

这种用法可以在写文件之前先检验文件是否成功打开。

2．文件的关闭

fclose()函数用来关闭一个已由 fopen()函数打开的文件。在程序结束之前必须关闭所有文件，文件未关闭会引起很多问题，如数据丢失、文件损坏及其它一些错误。

fclose()函数的调用形式为

```
fclose(fp);
```

其中 fp 是一个调用 fopen()时返回的文件指针。

若关闭文件成功，则 fclose()函数返回值为 0；若 fclose()函数的返回值不为 0，则说明出错了。

11.2.2　文件的读/写

1. 字符读/写操作

fputc()函数和 fgetc()函数用来读/写字符。它们的调用形式分别为

```
fputc(ch, fp);
ch=fgetc(fp);
```

其中，fp 为文件指针，ch 为字符变量。

　　fputc(ch, fp)函数的作用是将字符 ch 的值输出到 fp 所指向的文件中。如果输出成功，则返回值就是输出的字符；如果输出失败，则返回一个 EOF(或整型常量−1)。

　　fgetc 函数从指定的文件读入一个字符，赋给 ch。如果在执行 fgetc 函数读字符操作时遇到文件结束符，则函数返回一个文件结束标志 EOF(或整型常量−1)。

　　【例 11.2】　从文本文件头一直读到文件尾程序示例。

　　程序代码：

```
ch=fgetc(fp);
while(ch!=EOF);
{
    ch=fgetc(fp);
}
```

　　文本文件可以用两种方法来判定文件是否结束：

　　(1) 读入的字符若是 EOF(或整型常量−1)，则文件结束。

　　(2) 利用 feof(fp)函数，若文件结束，feof 函数返回非 0 值，否则返回 0。

　　用二进制方式打开的文件，只能利用 feof(fp)函数来判定文件是否结束。

　　【例 11.3】　从二进制文件首一直读到文件尾的程序示例。

　　程序代码：

```
while(! feof(fp))
{
    ch=fgetc(fp);
}
```

2. 字符串读/写操作

　　fgets()函数和 fputs()函数用来读/写字符串。它们的调用形式分别为

```
fgets(str, length, fp);
fputs(str, fp);
```

其中，str 是字符指针，length 是整型数值，fp 是文件指针。

　　fgets()函数从 fp 指定的文件中当前的位置读取字符串，直至读到换行符或第 length−1 个字符或遇到 EOF 为止。如果读入的是换行符，则它将作为字符串的一部分。fgets()函数操作成功时，返回 str；若发生错误或到达文件尾，则返回一个空指针。

　　fputs()函数用来向 fp 指定的文件中的当前位置写字符串。fputs()函数操作成功时，返回 0，否则返回非零值。

3. 数据块读/写操作

　　fread()函数和 fwrite()函数用来读/写数据块。它们的调用形式分别为

```
fread(buffer, size, count, fp);
fwrite(buffer, size, count, fp);
```

其中，buffer 是一个指针，用以读入数据的存放地址，或输出数据的地址(以上指的是起始地址)；size 是要读/写的字节数；count 是要读/写多少次 size 字节的数据项；fp 是文件指针。

fread()函数操作成功时，返回实际读取的字段个数 count；到达文件尾或出现错误时，返回值小于 count。fwrite()函数操作成功时，返回实际所写的字段个数 count；返回值小于 count，说明发生了错误。

如果文件以二进制形式打开，用 fread 和 fwrite 函数就可以读/写任何类型的信息，如：

```
fread(a, 4, 8, fp);
```

其中 a 是一个实型数组名。一个实型变量占 4 个字节。这个函数从 fp 所指向的文件读入 8 次(每次 4 个字节)数据，存储到数组 a 中。

4. 格式化读/写操作

fprintf()函数和 fscanf()函数的功能与 printf()函数和 scanf()函数完全相同，但其操作的对象是磁盘文件。

它们的调用方式分别为

```
fprintf(fp "控制字符串", 参数表);
fscanf(fp "控制字符串", 参数表);
```

其中，fp 是文件型指针，控制字符串和参数表同 printf()函数和 scanf()函数一样。这两个函数将其输入/输出指向由 fp 确定的文件。

fprintf()函数操作成功，返回实际被写的字符个数；出现错误，则返回一个负数。fscanf()函数操作成功，返回实际被赋值的参数个数；若返回 EOF，则表示试图读取超过文件末尾的部分。

11.3 应 用 举 例

【例 11.4】 从键盘输入一些字符，逐个把它们送到磁盘上，直到输入一个"#"为止。
程序代码：

```
#include <stdio.h>
#include <stdlib.h>
void main()
{
    FILE *fp;
    char ch,filename[10];
    scanf("%s", filename);
    if((fp=fopen(filename, "w"))==NULL)
    {
        printf("文件不能打开\n");
        exit(0);
    }
    ch=getchar();
    while(ch!='#')
```

```
        {
            fputc(ch,fp);
            putchar(ch);
            ch=getchar();
        }
        fclose(fp);
    }
```

运行结果：

　　file1.c<Enter>　　　　　(输入磁盘文件名)

　　computer and c#<Enter>　　　(输入一个字符串)

　　computer and c　　(输出一个字符串)

文件名由键盘输入，赋给字符数组 filename，fopen 函数中的第一个参数"文件名"可以直接写成字符串常量形式，如"file1.c"，也可以用字符数组名，在字符数组中存放文件名(如本例所用的方法)。本例运行时，从键盘输入磁盘文件名"file1.c"，然后输入字符串"computer and c"。"#"表示输入结束。程序将"computer and c"写到以"file1.c"命名的磁盘文件中，同时在屏幕上显示这些字符，以便核对。

【例 11.5】　在例 11.4 中建立的文本文件 file1.c 中追加一个字符串。

程序代码：

```
    #include <stdio.h>
    #include <stdlib.h>
    void main()
    {
        FILE *fp;
        char ch,st[40];
        if((fp=fopen("file1.c", "a+"))==NULL)     /*以追加方式打开文件*/
        {
            printf("文件不能打开\n");
        exit(0);
        }
        gets(st);
        fputs(st,fp);
        fclose(fp);
    }
```

运行结果：

　　abcdefg (输入一个字符串)

file1.c 文件内容为

　　computer and cabcdefg

【例 11.6】　将一个磁盘文件中的信息复制到另一个磁盘文件中。

程序代码：

```
#include <stdio.h>
#include <stdlib.h>
void main()
{
FILE *in,*out;
char infile[10],outfile[10];
printf("Enter the infile name :\n");
scanf("%s",infile);
printf("Enter the outfile name :\n");
scanf("%s",outfile);
if((in=fopen(infile, "r"))==NULL)
{
    printf("文件不能打开\n ");
    exit(0);
}
    if((out=fopen(outfile, "w"))==NULL)
    {
        printf("文件不能打开\n ");
        exit(0);
    }
    while(1)
    {
        fputc(fgetc(in),out);
        if(!feof(in)) break ;
    }
    fclose(in);
    fclose(out);
}
```

运行结果：

　　Enter the infile name :

　　file1.c<Enter>　　(输入原有磁盘文件名) Enter the outfile name:

　　file2.c<Enter>　　 (输入新复制的磁盘文件名)

程序运行结果是将 file1.c 文件中的内容复制到 file2.c 中。

以上程序是按文本文件方式处理的，也可以用此程序来复制一个二进制文件，只需将两个 fopen 函数中的 "r" 和 "w" 分别改为 "rb" 和 "wb" 即可。

【例 11.7】 从键盘输入 4 个学生的有关数据，然后把它们转存到磁盘文件中。

程序示例：

```
#include <stdio.h>
#define SIZE 4 struct student
```

```
    {
        char name[10];
        int score[3];
    }
    stud[SIZE];
    void save( )
    {
        FILE * fp;
        int i;
        if((fp=fopen("stu_list", "wb"))==NULL)
        {
            printf("cannot open file\n");
            return;
        }
        for(i=0; i<SIZE; i++)
        if(fwrite(&stud[i], sizeof(struct student), 1, fp)!=1)
            printf("file write error\n");
    }
    void main()
    {
        int i;
        for(i=0; i<SIZE; i++)
        {
            //scanf("%s", stud[i].name);
            scanf("%s%d%d%d", stud[i].name, &stud[i].score[0],
                &stud[i].score[1], &stud[i].score[2]);
        }
        save();
    }
```

在 main 函数中，从终端键盘输入 4 个学生的数据，然后调用 save 函数，将这些数据输出到以"stu_list"命名的磁盘文件中。fwrite 函数的作用是将一个结构体数组元素数据块送到 stu_list 文件中。

运行结果：

输入 4 个学生的姓名、成绩 1、成绩 2 和成绩 3：

Zhang 67 79 81<Enter>

Fun 82 72 72<Enter>

Tan 83 81 73<Enter>

Ling 74 81 84<Enter>

程序运行时，屏幕上并无任何信息，只是将从键盘输入的数据送到磁盘文件中。为了验证在磁盘文件"stu_list"中是否已存在此数据，可以用以下程序从"stu_list"文件中读入数据，然后在屏幕上输出：

```
#include <stdio.h>
#define SIZE 4 struct student
{
char name[10];
int score[3];
}stud[SIZE];
void main()
{
int i;
FILE *fp;
fp=fopen("stu_list", "rb");
for(i=0;i<SIZE;i++)
{
fread(&stud[i],sizeof(struct student),1,fp);
printf("%s: %4d,%4d,%4d\n",stud[i].name, stud[i].score[0],stud[i].score[1],stud[i].score[2]);
}
}
```

程序运行时不需从键盘输入任何数据。屏幕上显示出以下信息：

Zhang 67 79 81

Fun 82 72 72

Tan 83 81 73

Ling 74 81 84

请注意从键盘输入 4 个学生的数据是 ASCII 码字符，也就是文本文件。在送到计算机内存时，回车和换行符转换成一个换行符。再从内存以"wb"方式(二进制写)输出到"stu_list"文件，此时不发生字符转换，按内存中的存储形式原样输出到磁盘文件中。在上面验的证程序中，又用 fread 函数从"stu_list"文件向内存读入数据，注意此时用的是"rb"方式，即二进制方式，数据按原样输入，也不发生字符转换。也就是在这个时候，内存中的数据恢复到第一个程序向"stu_list"输出以前的情况。最后在验证程序中，用 printf 函数输出到屏幕，printf 是格式输出函数，输出 ASCII 码，在屏幕上显示字符。换行符又转换为回车加换行符。

如果企图从"stu_list"文件中以"r"方式读入数据，就会出错。因为它们是按数据块的长度来处理输入/输出的，在字符发生转换的情况下很可能出现与原设想不同的情况。

例如，若编写"fread(&stud[i],sizeof(struct student),1,stdin);"语句，企图从终端键盘输入数据，这在语法上并不存在错误，编译能通过。但如果用以下形式输入数据：

Zhang 67 79 81<Enter>

Fun 82 72 72<Enter>

Tan 83 81 73<Enter>

　　　　Ling 74 81 84<Enter>

由于 fread 函数要求一次输入 16 个字节(而不关注这些字节的内容)，因此输入数据中的空格也作为输入数据而不作为数据间的分隔符了，这样就连空格也存储到 stud[i]中了，显然是不对的。

　　该例题要求从键盘输入数据，如果已有的数据已经以二进制形式存储在一个磁盘文件"stu_list"中，要求从其中读入数据并输出到"stu_list"文件中，可以编写一个 load 函数，从磁盘文件中读二进制数据：

```
void load()
{
    FILE *fp;
    int i;
    if((fp=fopen("stu_dat","rb"))==NULL)
    {
        printf("cannot open infile\n");
        return;
    }
    for(i=0;i<SIZE;i++)
    if(fread(&stud[i],sizeof(struc student),1,fp)!=1)
    {
        if(feof(fp))
        return;
        printf("filereaderror\n");
    }
}
```

　　将 load 函数加到本题原来的程序文件中，并将 main 函数改为

```
#include <stdio.h>
void main()
{
    load();
    save();
}
```

即可实现题目要求。

　　【例 11.8】　读文本文件。

　　假设磁盘文件 in.txt 内容如下，包括五名学生姓名和三门考试成绩：

　　　　赵一　　　　89 90 91

　　　　钱二　　　　70 80 90

　　　　孙三　　　　99 88 77

　　　　李四　　　　72 82 92

　　　　周五　　　　85 75 65

下面程序读取五名学生数据，计算平均分，最后输出到 out.txt 文本文件。

程序代码：

```
#include <stdio.h>
#include <stdlib.h>
struct student
{
    char name[10];
    int score[3];
    float aver;
};
void main()
{
    int i;
    struct student stu[5];
    FILE *in,*out;
    if((in=fopen("in.txt","r"))==NULL)
    {
        printf("cannot open in.txt\n");
        exit(0);
    }
    if((out=fopen("out.txt","w"))==NULL)
    {
        printf("cannot open out.txt\n");
        exit(0);
    }
    for(i=1;i<=5 && !feof(in);i++)
    {
        fscanf(in,"%s%3d%3d%3d",stu[I].name,
        &stu[I].x[0], &stu[I].x[1], &stu[I].x[2]);
        stu[i].aver=(stu[i].x[0]+stu[i].x[1]+stu[i].x[2])/3.0;
        printf("%s %3d %3d %3d %6.2f\n",stu[i].name,stu[i].x[0],
        stu[i].x[1], stu[i].x[2],stu[i].aver);
        fprintf(out,"%s  %3d  %3d  %3d  %6.2f\n",stu[i].name, stu[i].x[0], stu[i].x[1], stu[i].x[2],
stu[i].aver);
    }
    fclose(in);
    fclose(out);
}
```

用 fprintf 和 fscanf 函数对磁盘文件读/写，使用方便，容易理解，但由于在输入时要将

ASCII 码转换为二进制形式，在输出时又要将二进制形式转换成字符，花费时间比较多，因此，在内存与磁盘频繁交换数据的情况下，最好不用 fprintf 和 fscanf 函数，而用 fread 和 fwrite 函数。

本 章 小 结

本章主要介绍了以下内容：

1. 文件的打开。fopen()文件的打开操作表示给用户指定的文件在内存分配一个 FILE 结构区，并将该结构的指针返回给用户程序，以后用户程序就可用此 FILE 指针来实现对指定文件的存取操作了。当使用打开函数时，必须给出文件名、文件操作方式(读、写或读/写)，如果该文件名不存在，就意味着建立(只对写文件而言，对读文件则出错)，并将文件指针指向文件开头。若已有一个同名文件存在，则删除该文件；若无同名文件，则建立该文件，并将文件指针指向文件开头。"fopen(char *filename,char *type);"中的*filename 表示要打开文件的文件名指针，一般用双引号括起来的文件名表示，也可使用双反斜杠隔开的路径名；*type 参数表示对打开文件的操作方式。

2. 关闭文件函数 fclose()。文件操作完成后，必须要用 fclose()函数进行关闭，这是因为对打开的文件进行写入时，若文件缓冲区的空间未被写入的内容填满，这些内容不会写到打开的文件中而丢失。只有对打开的文件进行关闭操作时，停留在文件缓冲区的内容才能写到该文件中，从而使文件完整。再者，一旦关闭了文件，该文件对应的 FILE 结构将被释放，从而使关闭的文件得到保护，因为这时对该文件的存取操作将不会进行。文件的关闭也意味着释放了该文件的缓冲区。"int fclose(FILE *stream);"表示将关闭 FILE 指针对应的文件，并返回一个整数值。若成功地关闭了文件，则返回一个 0 值，否则返回一个非 0 值。

3. 文件的读/写。

(1) 读/写文件中字符的函数(一次只读/写文件中的一个字符)：

　　int fgetc(FILE *stream);

　　int getchar(void);

　　int fputc(int ch,FILE *stream);

　　int putchar(int ch);

　　int getc(FILE *stream);

　　int putc(int ch,FILE *stream);

(2) 读/写文件中字符串的函数：

　　char *fgets(char *string,int n,FILE *stream);

　　char *gets(char *s);

　　int fprintf(FILE *stream,char *format,variable-list);

　　int fputs(char *string,FILE *stream);

　　int fscanf(FILE *stream,char *format,variable-list);

实　　训

1. 编程实现读取你的电脑中一个文本文件的内容，并在屏幕上显示出来。

实训指导：在电脑的某个盘符下创建一个文本文件并输入一定内容，利用 C 语言的文件读取函数将其内容读出并显示在电脑屏幕上。

2. 编程实现将键盘输入的内容添加到电脑某个文本文件的末尾。

实训指导：在电脑的某个盘符下创建一个文本文件并输入一定内容，利用 C 语言的文件读取函数将其内容读出并将屏幕上输入的内容添加至末尾，然后重新写入原文件中。

3. 编程实现复制电脑文件的功能。

实训指导：在电脑的某个盘符下创建一个文本文件并输入一定内容，利用 C 语言的文件读取函数将其内容读出，然后写入到另一个文件中实现复制功能。

附录　模拟试题

模拟试题一

一、选择题

1. 设 x,y 为 float 型变量，则下列(　　　)为不合适的赋值语句。

A. ++x;　　　　　　　　　　　B. y=(float)3;

C. x=y=0;　　　　　　　　　　D. x*=y+8;

2. 若 x 为 int 型变量，则执行下列语句 x 的值为(　　　)。

```
x=65535;
printf("%d\n",x);
```

A. 65535　　　　　　　　　　B. 1

C. 无定值　　　　　　　　　　D. −1

3. 下面不正确的转义符是(　　　)。

A. '\t'　　　　　　　　　　　B. '\a'

C. '\081'　　　　　　　　　　D. '\n'

4. 在 C 语言中，char 类型数据在内存中是以(　　　)形式存储的

A. 原码　　　　　　　　　　　B. 反码

C. 补码　　　　　　　　　　　D. ASCII 码

5. 以下变量名(　　　)是合法的。

A. break　　　　　　　B. $123

C. lotus_2_3　　　　　　D. <temp>

6. 判断 char 型变量 c1 是否为小写字符的最简单且正确的表达式是(　　　)。

A. 'a'<=c1<='z'　　　　　　　B. (c1<=a)&&(c1<=z)

C. ('a'<=c1)&&('z'>=c1)　　　D. (c1>='a')&&(c1<='z')

7. 在 C 语言中，int、char、float 所占用的内存(　　　)。

A. 均为 2 个字节　　　　　　B. 由用户自己定义

C. PC 为 2、1、4　　　　　　D. 为 2、2、4

8. 若有 int x,y，下面程序(　　　)不能实现以下函数关系。

$$y = \begin{cases} -1 & x < 0 \\ 0 & x = 0 \\ 1 & x > 0 \end{cases}$$

A. if (x<0) y=-1;
   else if (x==0) y=0;
   else y=1;

B. y=-1;
   if (x!=0) if (x>0) y=1;
   else y=0;

C. y=0;
   if (x>=0) { if (x>0) y=1;}
   else y=-1;

D. if (x>=0)
   if (x>0) y=1;
   else y=0;
   else y=-1;

9. while (!x)中(!x)与下面条件( )等价。

A. x==0   B. x==1

C. x!=1   D. x!=0

10. 以下不是无限循环的语句为( )。

A. for (y=0,x=1;x>=++y;x++);

B. for (;;x++);

C. while (1) {x++;}

D. for (i=10;;i--) sum+=i;

11. 若有以下语句，则下面( )是正确的描述。

　　Char x[]="12345";

　　Char y[]={'1','2','3','4','5'};

A. x、y 完全相同

B. x、y 不相同

C. x 数组长度小于 y 数组长度

D. x、y 字符串长度相等

12. 为了判断两个字符串 s1 和 s2 是否相等，应当使用( )。

A. if (s1==s2)   B. if (s1=s2)

C. if (strcpy(s1,s2))   D. if (strcmp(s1,s2)==0)

13. C 程序中函数返回值的类型是由( )决定的。

A. return 语句中的表达式类型

B. 调用该函数的主调函数类型

C. 调用函数时临时决定

D. 定义函数时所指定的函数类型

14. 若 int t, a=5,b=6,w=1,x=2,y=3,z=4，则经过 t=(a=w>x)&&(b=y>z)计算后变量 t、a、b 的值分别为( )

　A. 0，0，0   B. 0，0，6

C. 1，0，0　　　　　　　D. 1，0，6

15 如果变量 grade 的值为 1，则运行下列程序段后输出结果为(　　)。

```
switch(grade)
{
    case 1:printf( "a\n" );
    case 2:printf( "b\n" );
    case 3:printf( "c\n" );
}
```

A. a

B. a

　b

　c

C. abc

D. ab

二、写出下列程序的运行结果

1．程序一：

```
main()
{
    int i, j, k;
    char space=' ';
    for(i=0; i<=5; i++)
    {
        for (j=i; j<=i; j++)
            printf("%c", space);
        for (k=0; k<=5; k++)
            printf("%c","*");
        printf("\n");
    }
}
```

2．程序二：

```
main()
{
    int n=0;
    while(n++<=2)
        printf("%d\t", n);
    printf("%d\n", n);
}
```

3．程序三：

```
main()
```

```
    {
        int a[3][3]={1,2,3,4,5,6,7,8,9};
        int i,j,t;
        for (i=0;i<3;i++)
            for (j=0;j<3;j++)
            {
                t=a[i][j];
                a[i][j]=a[j][i];
                a[j][i]=t;
            }
            for (i=0;i<3;i++)
            {
                for(j=0;j<3;j++)
                    printf("%4d ",a[i][j]);
                printf("\n");
            }
    }
```

4. 程序四:

```
    #include"string.h"
    main()
    {
        char string1[20]= "abcd";
        char string2[]="\\cd\t";
        strcat(string1,string2);
        printf("%d",strlen(string1));
    }
```

5. 程序五:

```
    main()
    {
        int count ,sum, x;
        count=sum=0;
        do
        {
            scanf("%d",&x);
            if (x%2!=0) continue;
            count++;
            sum+=x;
        }while (count<5);
        printf("sum=%d",sum);
```

```
    }
```

假设输入的数据为

　　　3 6 -2 9 10 11 8 12

三、编程题

1．编写一个程序，输入一个字符串，按反序存放后再输出该字符串。

2．写一个程序，能分别统计出从键盘上输入的字符串中小写字符的个数、数字字符的个数和其它字符的个数。输入的字符串以"！"作为结束标记。

3．编写程序，实现求 4 个数中的最大数(要求用函数实现求最大数)。

4．青年歌手参加歌曲大奖赛，有 5 个评委对他进行打分，试编程求这位选手的平均得分(去掉一个最高分和一个最低分)。

5．编程求 3～100 之间所有的素数及其个数。

6．已知在一个 ASCII"stud.dat"中，有 10 个学生的记录，每条记录有 4 项数据，第 1 项为学号(int 型)，第 2、3、4 项为成绩(float 型)，编写一个程序从该文件中将这些学生的数据读出来，计算每个人的平均成绩，然后将原有数据和计算出的平均成绩写到另外一个 ASCII"aver.dat"中。

模 拟 试 题 二

一、选择题

1．以下几个语句执行后，i、j、k 的值分别为(　　　)。

```
    int i, j, k;
    i=j=0;
    k=1;
    if (i>j?(j--):(i--)) k++;
```

　　A．1, 9, 1　　　　　　　　　　B．1, 0, 2

　　C．−1, 0, 1　　　　　　　　　　D．0, 0, 2

2．有

```
    int i=0, j=0;
    int a=2, b=4, c=5, d=6;
```

表达式(i=a-b)&&(j=c-d)的结果是(　　　)。

　　A．1　　　　　　　　　　　　B．0

　　C．−2　　　　　　　　　　　　D．−1

3．若给定条件表达式(m)?(a++):(a--)，则表达式 m(　　　)。

　　A．等价于(m==0)　　　　　　　B．等价于(m==1)

　　C．等价于(m!=0)　　　　　　　D．等价于(m!=1)

4　下列程序运行结束后，n 的值为(　　　)。

```
    n=2;
    do { n=n+n;
```

```
        n--;
    } while (n<20);
```

    A. 21   B. 22

    C. 33   D. 24

5. 已知数组 a[3][4]，若给 a[1][2]赋值 5，下列操作正确的是(　　)。

    A. a=5   B. *a[1]=5

    C. a[2]={0,5,3,4}   D. *(a[1]+2)=5

6. 文件包含的含义是指(　　)。

    A. 定义常量   B. 定义变量

    C. 引入已说明的函数   D. 引入标准函数

7. 以下变量命名合法的是(　　)。

    A. M.john   B. $123

    C. lotus1_2_3   D. <temp>

8. 下面关于"A"的说法正确的是(　　)。

    A. 它代表一个字符常量   B. 它代表一个字符串常量

    C. 它代表一个字符 a   D. 它代表一个变量

9. 以下语句执行后变量 c 的结果是(　　)。

```
int a=7,b=2;
float c;
c=a/b;
```

    A. 3.5   B. 3

    C. 3.0   D. 1

10. 设定如下变量，则表达式 5+'b'+i*f–d/e–'a'的结果是(　　)。

```
int i;
float f;
double d;
long int e;
```

    A. 浮点型   B. 长整型

    C. 整型   D. 双精度型

11. 以下不正确的定义语句是(　　)。

A. double x[5] = {2.0, 4.0, 6.0, 8.0, 9.0};

B. int y = [5] = {0, 1, 3, 5, 7, 9};

C. char c1[ ] = { '1', '2', '3', '4', '5'};

D. char c2[ ] = {'\x10', '\x1', '\x8'};

12. 不是 C 语言赋值语句的是(　　)。

A. int a=1,b=3;   B. i++;

C. a=b=5;   D. y=int(i);

13. 以下是无限循环语句的是(　　)。

A. for (y=0, x=0; x>=++y; x++);

B. for (x=1;;x++);

C. i=15; while (x>10) { x--;}

D. for (i=10; i>5; i--) sum+=i;

二、写出下列程序的运行结果

1. 程序一：

```
#include "stdio.h"
main()
{
    int i;
    for (i=1; i<=5; i++)
    {
        if (i%2)
            printf("*");
        else
            continue;
        printf("#");
    }
    printf("$\n");
}
```

2. 程序二：

```
main()
{
    int i;
    void function(void);
    for (i=0; i<3; i++)
        function();
}
void function(void)
{
    int i=1, j=1;
    static int k=1;
    i++;
    j++;
    k++;
    printf("%d, %d, %d", i, j, k);
}
```

3. 程序三：

```
float x=1.0, y=2.0, z;
main()
```

```
{
    double fun(void);
    z=fun();
    printf("%f, %f, %f\n", x, y, z);
}
double fun(void)
{
    int y, z;
    x=y=z=3.0;
    return(x+y+z);
}
```

4．程序四：

```
main()
{
    int i=1, k=0;
    while (i--)
    k=k+k;
    printf("k=%d\n", k);
}
```

5．程序五：

```
main()
{
    int i, sum;
    i=1;
    for(sum=1; i<=5; i++, sum--)
    sum*=sum;
    printf("%d", sum);
}
```

三、编程题

1．设有一个字符串"This is a computer"，请编程求字符"i"首次出现的位置。

2．试编程求 3 × 3 二维数组中最大元素及其所在的行、列位置。

3．编写程序，计算并输出下面级数在求和过程中第一次出现和数大于 999 时的奇数项部分和 OS2。(其中^表示幂运算)

$$1 * 2 - 2 * 3 + 3 * 4 - 4 * 5 + \cdots + (-1)^{\wedge}(n-1) * n * (n+1) + \cdots$$

4．有一张由 9 个学生每人 8 个数据组成的二维数据表。编写程序，要求将学生的总成绩按降序(由大到小)排列，计算并输出总分第二名学生的平均成绩。

姓名 学号 年龄 政治 语文 数学 计算机 体育 总分

李明　1 19 81 89 99 98 87

张力　2 16 89 90 95 80 90

  王英　3 17 91 77 88 95 78

  赵锐　4 18 79 84 95 93 96

  周密　5 15 95 92 98 99 93

  吴川　6 17 78 88 85 86 80

  孙康　7 14 91 85 94 82 88

  郑重　8 15 90 92 94 90 95

  胡琴　9 16 75 85 87 94 90

  5. 已知在正文文件 da1.dat 中，每个记录只有两项数据，第一项为一整数表示学生的学号，第二项为形如 xx.x 的一个实数，试统计计算并向文件 t2.dat 输出 60 分以上(含 60 分)的人数占总人数的比例 R。

模拟试题三

一、选择题

1. 下面关于"A"的说法正确的是(　　)。

A. 一个字符常量　　　　　　　　B. 一个字符串常量

C. 一个字符 a　　　　　　　　　D. 一个字符变量

2. 使用字符串函数时，必须将(　　)头文件包含在主程序中。

A. "stdio.h"　　　　　　　　　B. "string.h"

C. "math.h"　　　　　　　　　D. "stdlib.h"

3. 下面关于'\\'的说法不正确的是(　　)。

A. 转义字符　　　　　　　　　　B. 起换行作用

C. 能用于输出语句　　　　　　　D. 也能用于打印机

4. C 程序是由(　　)构成。

A. 数据文件　　　　　　　　　　B. 文本文件

C. 函数　　　　　　　　　　　　D. 主函数和其他函数

5. 下列关于函数的说法错误的是(　　)。

A. 可以单独执行

B. 可以嵌套调用

C. 可以定义在主函数之前或之后

D. 数组可以作为函数的参数

6. 一般情况下，C 语言是以(　　)表示运算结果为逻辑真。

A. F　　　　　　　　　　　　　B. T

C. 1　　　　　　　　　　　　　D. 0

7. 以下变量名(　　)是合法的。

A. continue　　　　　　　　　B. $123

C. lotus_2_3　　　　　　　　　D. <temp>

8. 一个 C 语言程序总是从(　　)开始执行的。

A. 主过程   B. 主函数

C. 子函数   D. 按书写顺序

9. PC 中，C 语言的 int、char、float 所占用的内存为( )字节。

A. 1, 2, 4   B. 2,2,2

C. 2,1,4   D. 2,2,4

10. 若 k 为 float 型，则下列程序执行结果为( )。

```
k=2.0;
while (k!=0)
{
    printf("%d", k);
    k--;
}
printf("\n");
```

A 无限多次   B 0 次

C 1 次   D 2 次

二、按题目要求填空完善下列程序

1. 按逆序输出一个字符串。

```
Void reversr(str)
Char str[];
{
    int len.i;
    char c;
    len=①;
    for (i=0;i<②;i++)
    {
        c=③;
        str[i]=str[len-i-1];
        ④=c;
    }
}
#include <string.h>
main()
{
    char string[256];
    gets(string);
    reverse(string);
    puts(string);
}
```

2. 输出 Fibonacci 数列的前 15 项，要求每行输出 5 项。

```
#define M 15
main()
{
    int fib[M];
    int i,
    fib[0]=1;fin[1]=1;
    for (i=2;i<M;i++)
        ①=fib[i-2]+②;
    for(i=0;i<M;i++)
    {
        if ( ③ )
            printf("\n");
        ④;
    }
}
```

3. 用起泡法对 10 数个按升序排序。

```
main()
{
    int a[10]={2,4,1,6,-1,34,56,78,-23,20};
    int i,j,k;
    for (j=0;j<① ;j++)
    for (i=0; ② ;i++)
    if ( ③ )
    {
        k=a[i];
        ④ ;
        a[i+1]=k;
    }
}
```

4. 输出 100～200 之间的所有素数及其个数。

```
main()
{
    int m,k,i,n=0
    for (m=101;m<=200;m++)
    {
        ①
        for (i=2;i<=k;k++)
            if ( ② )
                break;
```

```
        if ( ③ )
        {
            printf("%d ",m);
            n=n+1;
        }
    }
    printf("%d",n);
}
```

三、编程题

1. 编写程序，求下面级数前 n 项中偶数项的和 ES。在求和过程中，以第一个绝对值大于 9999 的项为末项，计算并输出和数 ES。(其中^表示幂运算)

$$1!-2!+3!-4!+\cdots+(-1)^{(n-1)}*n!+\cdots$$

2. 设计一个程序，对于从键盘输入的年、月、日，计算并输出相应的星期几。比如，1998 年 7 月 1 日是星期三，要求输出形式为 7-1-1998：<3>。

提示 推算公式：

$$s=yy-1+(yy-1)/4-(yy-1)/100+(yy-1)/400+dd$$

$$w=s-7*(s/7)$$

其中 yy 是年份数，dd 是 yy 年元旦到日期 d 的总天数，w 是星期序数，w = 0，1，2，…

3. 编写程序：有两个正整数 a 和 b，已知 a*b = 2048，求 a、b 各为何值时，a+b 的值最小。

4. 编写程序，找出一个 4 位数的完全平方数，该数减去 1111 后，结果仍是一个完全平方数。(完全平方数是一个整数，它是另一个整数的平方。例如 25 是 5 的平方，则 25 是一个完全平方数。)

5. 已知在正文文件 test.txt 中存放有 120 个记录，每个记录中只有一个数。在文件中，从第一个数开始，每四个数为一组，第一个数为不同商场的代号(顺序号)，其余三个数代表三类商品的营业额(万元)。编写程序，统计计算并向文件 t2.dat 输出各商场的总营业额。

参 考 文 献

[1]　谭浩强. C 语言程序设计. 北京：清华大学出版社，2000.

[2]　陈广红. C 语言程序设计. 武汉：武汉大学出版社，2009.

[3]　孟庆昌，刘振英. C 语言结构化程序设计. 北京：机械工业出版社，2001.

[4]　郝桂英，赵敬梅. C 语言程序设计. 北京：北京理工大学出版社.

[5]　李春葆. 二级 C 语言学与练.北京：清华大学出版社，2003.

[6]　梁平，赵雪政. C 语言程序设计及实训教程. 北京：北京师范大学出版社，2008.

[7]　李凤霞. C 语言程序设计教程. 2 版. 北京：北京理工大学出版社，2009.